"十四五"职业教育国家规划教材

单片机技术及应用

组　编　北京新大陆时代教育科技有限公司

主　编　周忠强　李光荣　吴焕祥

副主编　鲍　毅　饶　静　姚　湘　林建瑞

　　　　王庆伟　马　旭　汪　涛

参　编　李　川　罗　贤　蒋　雯　覃　琳

　　　　李志纯　吴　民　贾春霞　彭坤容

　　　　蔡　敏　韦颖颖

电子工业出版社

Publishing House of Electronics Industry

北京·BEIJING

内 容 简 介

本书为传感网应用开发职业技能等级证书的书证融通教材，聚焦技能型紧缺人才培养目标，以职业岗位的典型工作过程为导向，将教学内容与职业能力相对接、单元项目与工作任务相对接，选用 STC15W 单片机，通过声控台灯、电子门铃、简易计时器、数显式电子表、电子密码锁、电子日历、简易电子秤、电梯安全检测装置、智能廊灯、智能家居环境监测系统 10 个项目驱动学生"做中学"，习得岗位职业能力，快速提升单片机专业技能。

本书内容丰富，文字通俗易懂，讲解深入浅出，适合作为职业院校电子信息类专业单片机课程教材，也可作为相关领域的科技工作者和工程技术人员的参考书。

图书在版编目 (CIP) 数据

单片机技术及应用 / 周忠强，李光荣，吴焕祥主编. —北京：电子工业出版社，2021.1
ISBN 978-7-121-40418-4

Ⅰ. ①单… Ⅱ. ①周… ②李… ③吴… Ⅲ. ①单片微型计算机－职业教育－教材 Ⅳ. ①TP368.1

中国版本图书馆 CIP 数据核字（2021）第 007670 号

责任编辑：白　楠
印　　刷：北京七彩京通数码快印有限公司
装　　订：北京七彩京通数码快印有限公司
出版发行：电子工业出版社
　　　　　北京市海淀区万寿路 173 信箱　邮编：100036
开　　本：787×1 092　1/16　印张：14.5　字数：371.2 千字
版　　次：2021 年 1 月第 1 版
印　　次：2024 年 12 月第 8 次印刷
定　　价：42.00 元

凡所购买电子工业出版社图书有缺损问题，请向购买书店调换。若书店售缺，请与本社发行部联系，联系及邮购电话：（010）88254888，88258888。

质量投诉请发邮件至 zlts@phei.com.cn，盗版侵权举报请发邮件至 dbqq@phei.com.cn。

本书咨询联系方式：（010）88254485，puyue@phei.com.cn。

前　言

　　单片机技术是电子电气、物联网、5G 及人工智能等领域的一门主流技术。随着现代工业智能化、信息化程度越来越高，单片机早已融入人们的生活，几乎所有家电内部都有单片机的身影，很多自动化及智能公共设施的背后也有单片机的支撑。本书是针对单片机技术编写的，具有以下特点。

　　1. 以书证融通为出发点，对接行业发展

　　本书结合"职业教育综合改革方案"等国家战略，落实"1+X"证书制度，参考国家专业教学标准，围绕书证融通模块化课程体系，对接行业发展的新知识、新技术、新工艺、新方法，聚焦传感网应用开发的岗位需求，将职业等级证书中的工作领域、工作任务、职业能力融入教学内容，改革传统教学课程。

　　2. 以职业能力为本位，对接岗位需求

　　本书强调以能力作为教学的基础，将所从事行业应具备的职业能力作为教材内容的最小组织单元，培养岗位群所需职业能力。

　　3. 以行动导向为主线，对接工作过程

　　本书精选传感器技术在行业中的典型应用场景，分析职业院校学生学情及学习规律，实现"教、学、做"一体化，强化学生实践能力，使学生在实践中掌握职业技能、习得专业知识。

　　4. 以典型项目为主体，驱动课程教学实施

　　本书采用项目制，将典型工作任务与实际应用场景相结合，使学生在学习的过程中掌握岗位群所需的典型技能。

　　5. 以立体化资源为辅助，驱动教学效果提升

　　本书配有丰富的微课视频、PPT、教案、工具包等资源，可满足职业院校学生多样化的学习需求，提升教学效果。

　　6. 以校企合作为原则，驱动应用型人才培养

　　本书由武汉仪表电子学校、南宁职业技术学院等院校与北京新大陆时代教育科技有限公司联合开发，充分利用企业对于岗位需求的认知及培训评价组织对于专业技能的把控，结合职业院校教材开发与教学实施经验，使本书具有较强的适应性、可操作性、实用性。

　　本书选用 STC15W 单片机，由浅入深地构建了 10 个项目，分别是声控台灯、电子门铃、简易计时器、数显式电子表、电子密码锁、电子日历、简易电子秤、电梯安全检测装置、智能廊灯、智能家居环境监测系统。本书参考学时为 108 学时，可根据实际情况增减。

本书由北京新大陆时代教育科技有限公司提供真实项目案例，全书由周忠强统稿，鲍毅编写项目一、项目二、项目三、项目九、项目十，饶静编写项目四、项目五，蒋雯编写项目六，李川编写项目七，罗贤编写项目八，李光荣、姚湘、林建瑞、王庆伟、马旭、汪涛等负责信息化资源的制作，吴焕祥、覃琳、李志纯、吴民、贾春霞、彭坤容、蔡敏、韦颖颖参与了本书的编写及信息化资源的制作。

由于编者水平有限，加之时间仓促，书中难免有不妥之处，恳请读者批评指正。

编　者

本书配套资源

目　　录

项目 一 声控台灯

物联网自出现以来，逐步成为人们生活中不可或缺的一部分。

回家之前空调已经打开，回家后热水已经烧好、饭已煮好，每日需要浏览的新闻内容全部定时推送到手机上，智能家居系统还能随时监控家庭内部细节情况，读取家庭日常生活各项数据。

声光控电路不需要开关，当人离开时会自动熄灭灯具，其广泛应用于走廊、楼道等公共场所，给人们的生活带来了极大的方便。

声光控电路是利用声音和光控制电路通断的电子开关电路。它将声音（如击掌声）和光转化为电信号，经放大、整形，输出一个开关信号去控制各种电器的工作状态，在自动控制工业电器和家用电器方面有着广泛的用途。

声控台灯实物图如图 1-0-1（a）所示。本项目通过声音传感模块、单片机开发模块、继电器模块和灯泡模拟声控台灯，如图 1-0-1（b）所示为接线图。

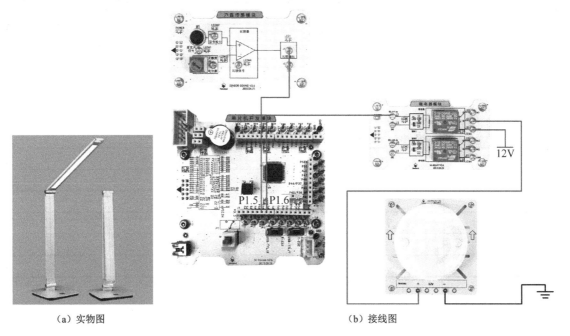

（a）实物图   （b）接线图

图 1-0-1 声控台灯

1

1.1 任务 1 搭建开发环境

职业能力目标

- 能根据任务要求，快速查阅相关资料，正确搭建开发环境。
- 能根据功能需求，了解编译软件的功能，正确实现程序编译。

任务描述与要求

> **任务描述**：XX 公司根据市场需求调研结果，决定研发一款新产品——声控台灯，具有通过声音控制台灯亮灭的功能。该新产品分三期开发，研发部根据开发计划，现在要进行第一期开发，第一期开发计划要求熟悉开发软件 Keil。
>
> **任务要求**：
> - 搭建 Keil 开发环境。
> - 创建 Keil 工程，并对程序进行编译。

任务分析与计划

根据所学相关知识，完成本任务的实施计划。

项目名称	声控台灯	
任务名称	搭建开发环境	
计划方式	分组完成、团队合作、分析调研	
计划要求	1. 能搭建 Keil C51 开发环境 2. 熟悉 Keil C51 软件界面 3. 熟悉 Keil C51 工具栏 4. 能创建工作区和项目，完成项目参数设置	
序　号	主 要 步 骤	
1		
2		
3		
4		
5		

 知识储备

1. 单片机简介

1）单片机的概念

单片机由处理器、存储器、中断/定时器、基本输入/输出电路等组成。由于单片机主要用于控制领域，所以国际上通常将单片机称为微型控制器，单片机的基本结构如图 1-1-1 所示。

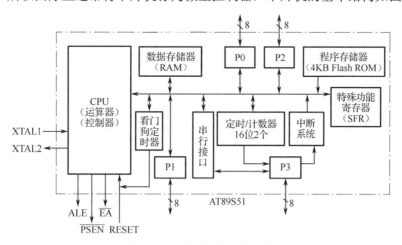

图 1-1-1 单片机的基本结构

2）单片机的发展

单片机诞生于 20 世纪 70 年代末，其发展经历了以下三个阶段。

（1）早期。

SCM（Single Chip Microcomputer）即单片机的早期形式，是设计单片形态嵌入式系统的最佳体系结构。以 Intel 公司的 MCS-48 为例，MCS-48 单片机包含了数字处理的全部功能，接入部分外围附加芯片，即构成完整的微型计算机，这就是单片机的雏形。

（2）中期。

中期出现了 MCU（Micro Controller Unit），主要将 CPU、存储器（RAM 和 ROM）、多种 I/O 接口等集成在一个芯片上，形成芯片级计算机。当时 MCU 的主要任务是满足嵌入式系统所要求的各种外围电路与接口电路，并对其进行智能化控制。

在 2000 年以前用得最多的单片机是 Intel 8051 系列。此后 51 单片机几乎是电子类专业学生的必修课程。基于 8051 内核的单片机拥有 8 位处理器，工作频率相对较低，处理能力也非常有限，但在过去能应付绝大部分的嵌入式应用。

（3）当前。

SoC 是 20 世纪 90 年代出现的概念。随着时间的不断推移，SoC 技术不断完善，SoC 的定义也在不断发展和完善。SoC 的全称为 System-on-a-Chip，中文的意思就是"把系统都做在一个芯片上"。它是把 CPU、GPU、RAM、通信基带、GPS 模块等整合在一起的系统化解决方案。SoC 可以有效地降低电子信息系统产品的开发成本，缩短开发周期，提高产品的竞争力。

3）单片机的分类

单片机按照用途可以分为通用型和专用型两类。

通用型单片机：内部资源比较丰富，性能全面，程序可根据用户需求进行修改，以符合多种应用要求。通用型单片机应用范围广泛，小到家用电器，大到工业设备、大型生产线都可用单片机来实现自动化控制。现在市场上的大多数单片机都为通用型单片机。

专用型单片机：针对某种产品或某种控制应用而专门设计的单片机。专用型单片机的用途比较单一，出厂时程序已经固化。例如，为了满足电子体温计的要求，在单片机内集成 ADC 接口等功能的温度测量控制电路即专用型单片机。专用型单片机开发成本高、功能单一。

单片机按照总线结构可以分为总线型和非总线型两类。

总线型单片机内部集成并行地址总线、数据总线和控制总线，通过串口连接外围器件。

非总线型单片机把所需要的外围器件及外设接口集成在单片机内，因此大大减少了芯片体积，降低了芯片价格。

单片机按照数据总线位数可分为 4 位、8 位、16 位和 32 位单片机。其中，8 位单片机是目前品种最丰富、应用最广泛的单片机。

2. Keil C51 开发环境简介

Keil C51 是美国 Keil Software 公司（现已被 ARM 公司收购）出品的 51 系列兼容单片机 C 语言软件开发系统。Keil C51 提供 C 编译器、宏汇编、丰富的库函数和功能强大的集成开发调试工具。运行 Keil C51 需要 Windows 操作系统（暂不支持 Mac 系统）。Keil C51 编译生成的汇编代码紧凑、容易理解且编码效率高。Keil C51（以下简称 Keil 软件）支持 ST、Atmel、Freescale、NXP、TI 等公司的单片机。

3. Keil 软件界面

Keil 软件界面如图 1-1-2 所示，①为菜单栏，②为工具栏，③为工程窗口，④为编辑窗口，⑤为信息栏，⑥为状态栏。

图 1-1-2　Keil 软件界面

菜单栏包括："File""Edit""View""Project""Flash""Debug""Peripheral""Tools""SVCS""Window"和"Help"菜单。

"File"菜单：对文件进行新建、打开、保存等操作。

"Edit"菜单：对文本进行撤销、复制、粘贴等操作，对光标进行插入、移动等操作。

"View"菜单：显示或隐藏各工具栏、窗口。

"Project"菜单：对工程进行新建、打开、编辑、保存、维护、编译等操作。

"Debug"菜单：在编译过程中，对程序进行单步、运行、停止、跳出等操作，对 Flash 进行擦除等操作。

"Peripheral"菜单：可以模拟中断、串口、定时器和 I/O 接口。

"Tools"菜单：能够配置和运行 PC-LINT 及自定义程序。

"SVCS"菜单：配置、添加 SVCS 命令。

"Window"菜单：对窗口进行操作。

"Help"菜单：打开帮助文件，通过各种方式获取技术支持。

工程窗口：列出一个工程中所涉及的文件组、源文件、只读文件、不编译文件、未发现文件等。

编辑窗口：对工程中的各种文件进行编辑、修改，以及显示调试信息的窗口。

信息栏：显示编译后的信息。

状态栏：显示编辑和调试的信息。

4. 工具栏

工具栏如图 1-1-3 所示。

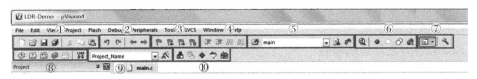

图 1-1-3　工具栏

① 为文件操作类工具，图中依次为：新建文件、打开文件夹、保存当前文件、保存当前文件夹、剪切、复制、粘贴。

② 为文件跳转类工具，图中依次为：撤销编辑、恢复编辑、跳转到上一步、跳转到下一步。

③ 为书签类工具，图中依次为：添加书签、跳转到上一个书签、跳转到下一个书签、清空所有书签。

④ 为选中行操作类工具，图中依次为：插入缩进、取消缩进、确定注释、取消注释。

⑤ 为查找工具，图中依次为：查找所有文本、查找文本输入框、查找单个文本、增加搜索。

⑥ 为仿真类工具，图中依次为：打开/关闭调试、插入断点、使单个断点无效、使所有断点无效、取消所有断点。

⑦ 为窗口配置类工具，图中依次为：窗口切换、配置。

⑧ 为编译类工具，图中依次为：编译当前文件、编译已修改的目标文件、重新编译所有文件、编译多个工程文件、停止编译。

⑨ 为工程目标工具，图中依次为：工程目标下拉列表框、工程目标配置。

⑩ 为工程管理类工具，图中依次为：单工程管理、多工程管理、管理运行时环境、选择软件包、安装软件支持包。

测一测

（1）单片机的定义是什么？它由哪几个部分组成？

（2）单片机的发展经历了_____阶段、_____阶段、_____阶段。

（3）单片机按照用途可以分为_____和_____，按照总线结构可以分为_____和_____。

想一想

Keil 软件与汇编语言相比有什么优势？

 任务实施

 设备与资源准备

序　号	设备/资源名称	数　量	是否准备到位
1	计算机	1	
2	Keil 软件安装文件包	1	

任务实施导航

本任务实施步骤如下。

1．Keil 软件开发环境的搭建

（1）下载软件，双击安装程序，进入安装向导界面，单击"Next"按钮，如图 1-1-4 所示。

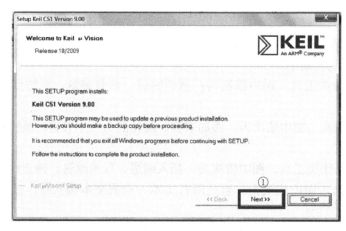

图 1-1-4　安装向导界面

（2）选中图 1-1-5 中的复选框，单击"Next"按钮。

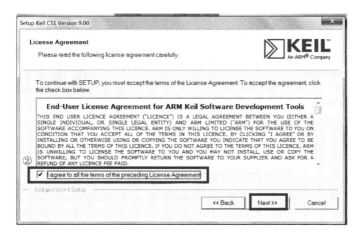

图 1-1-5　获取权限

（3）选择安装路径（图 1-1-6），单击"Next"按钮。

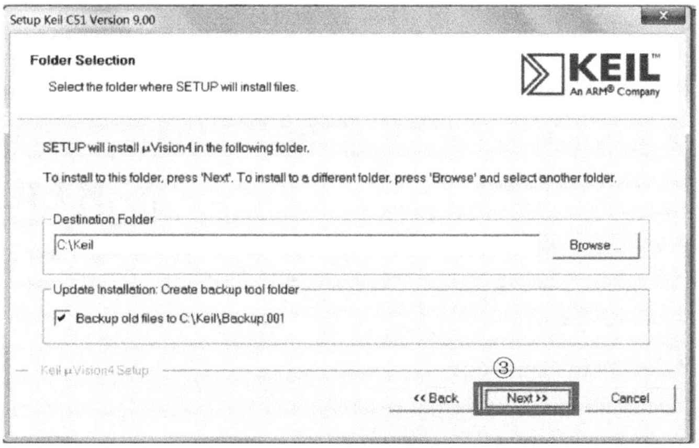

图 1-1-6　选择安装路径

（4）填写信息（图 1-1-7），单击"Next"按钮。

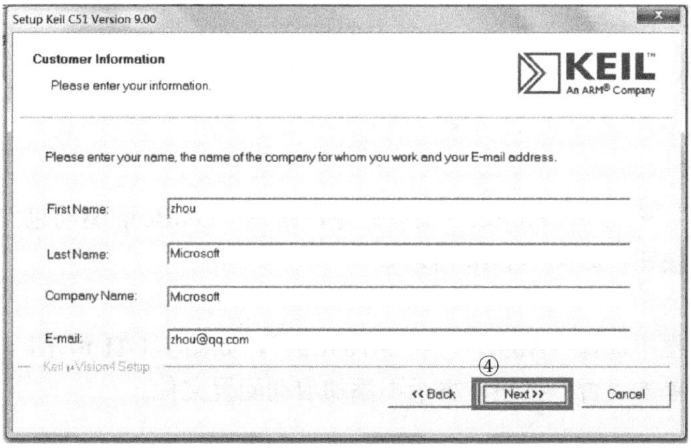

图 1-1-7　填写信息

（5）安装过程如图 1-1-8 所示。

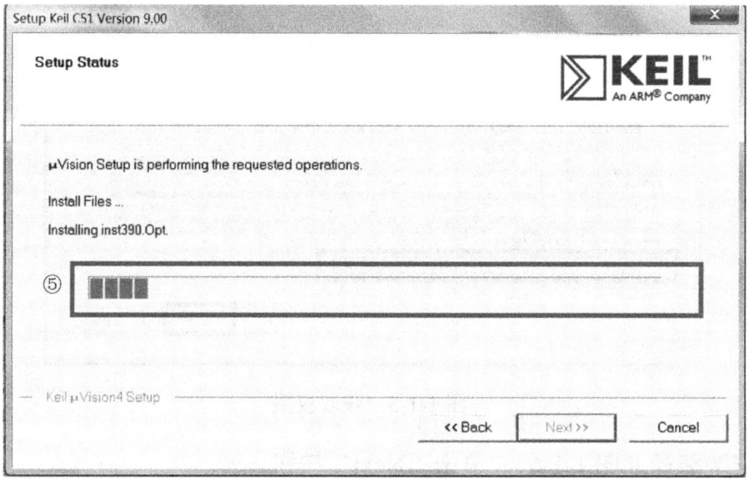

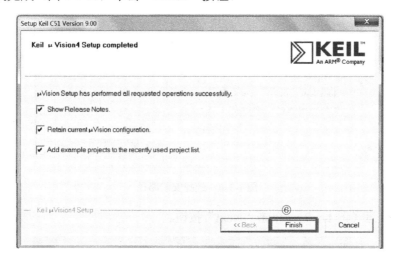

图 1-1-8　安装过程

（6）安装完成（图 1-1-9），单击"Finish"按钮。

图 1-1-9　安装完成

2．建立工程

1）新建工程

选择"Project"→"New Project"菜单命令，新建"LedBeep 驱动包"文件夹，输入工程名，单击"保存"按钮，如图 1-1-10 所示。

2）选择型号

在弹出的对话框中选择"Atmel"→"AT89C51"，如图 1-1-11 所示，单击"OK"按钮，在弹出的对话框中单击"否"按钮，表示不添加启动配置文件。

3）新建文件

选择"File"→"New"菜单命令，打开一个新的编辑窗口，输入程序，如图 1-1-12 所示。

图 1-1-10　新建工程

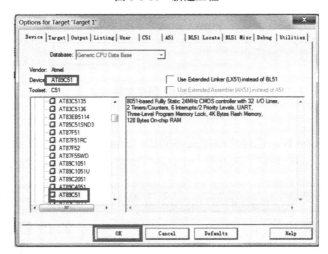

图 1-1-11　选择型号

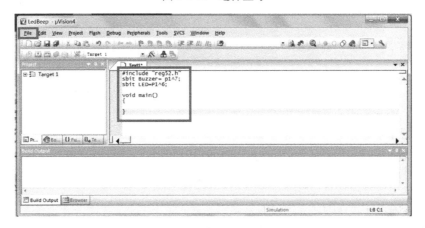

图 1-1-12　新建文件

4）保存文件

选择"Flie"→"Save As"菜单命令，输入文件名"Main.c"，单击"保存"按钮，如图 1-1-13 所示。

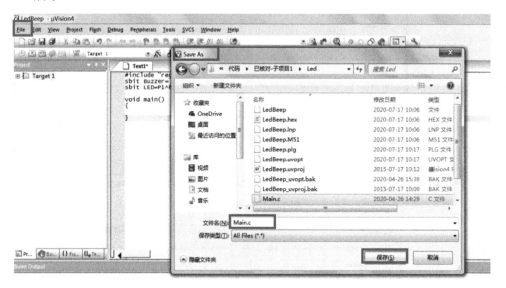

图 1-1-13　保存文件

5）添加文件

右击"Source Group 1"，选择"添加文件到组'Source Group 1'"命令，在对话框中选择新建的文件，单击"Add"按钮，再单击"Close"按钮关闭对话框，如图 1-1-14 所示。

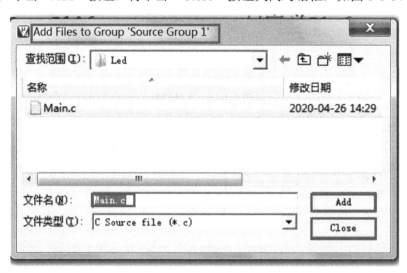

图 1-1-14　添加文件

6）浏览文件

此时"Source Group 1"前面多了个"+"号，单击"+"号可以看到 Main.c 文件已被添加到工程中，如图 1-1-15 所示。

图 1-1-15 浏览文件

7）修改文件

双击"Main.c"，将文件打开，打开后发现文件关键字的颜色已改变，即有了语法颜色，可以进一步修改文件，如图 1-1-16 所示。

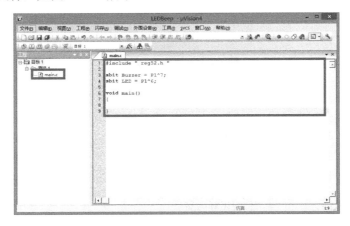

图 1-1-16 修改文件

8）编译设置

右击"Target 1"，选择"Options for target 'Target 1'"命令，选择"Output"选项卡，选中"Create HEX File"复选框，单击"确定"按钮，编译时即生成 HEX 文件，如图 1-1-17 所示。

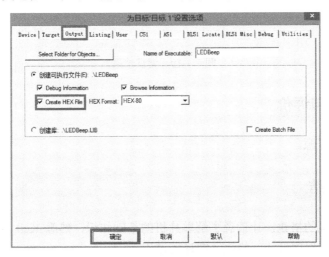

图 1-1-17 编译设置

9）编译调试

编写好程序之后，下一步进行编译，即将 C 语言程序转换成可执行的 HEX 文件和 BIN 文件，可以使用工具栏上的按钮进行编译。本任务编译得到的可执行文件分别为"LedBeep.hex"和"LedBeep.bin"。

3．程序编译、下载

在 Main.c 文件中添加如图 1-1-18 所示的内容。

图 1-1-18　添加测试程序

具体代码如下：

```
1.    #include "reg52.h"        //头文件
2.    sbit Buzzer = P1^7;       //定义 P1.7
3.    sbit LED = P1^6;          //定义 P1.6
4.    void main()               //主函数
5.    {
6.        Buzzer=1;             //初始化蜂鸣器
7.        LED=1;                //初始化 LED
8.    }
```

4．调试代码

进行调试，出现如图 1-1-19 所示的内容时，表示无错误、无警告，编译通过。

图 1-1-19　调试结果

任务检查与评价

详见本书配套资源。

任务小结

通过对开发环境的搭建，让读者了解单片机的基础知识，熟悉 Keil 软件开发环境，掌握 Keil 软件界面，了解程序设计、修改、编译的过程。

 **任务拓展**

通过网络自行查找资料，了解 IAR Embedded Workbench 软件。

IAR Embedded Workbench 是瑞典 IAR Systems 公司为单片机开发的一个集成开发软件。

1.2 任务 2 控制灯泡亮灭

 职业能力目标

- 能根据任务要求，掌握 STC 单片机结构特点和单片机 GPIO 的基本编程原理。
- 了解单片机编程方法，实现用单片机控制灯泡亮灭。

 任务描述与要求

任务描述： XX 公司根据市场需求调研结果，决定研发一款新产品——声控台灯，具有通过声音控制台灯亮灭的功能。该新产品分三期开发，研发部根据开发计划，现在要进行第二期开发，要求使用 STC 单片机通过继电器控制灯泡亮灭。

任务要求：
- 创建工程。
- 编程实现对外围电路（灯泡）状态的控制。
- 功能现象：先点亮 LED 并打开蜂鸣器，然后延时一段时间，接着熄灭 LED 并关闭蜂鸣器，再延时一段时间，如此反复循环。

 任务分析与计划

根据所学相关知识，完成本任务的实施计划。

项目名称	声控台灯
任务名称	控制灯泡亮灭
计划方式	分组完成、团队合作、分析调研
计划要求	1. 能够按照连接图施工，完成各模块之间的连接 2. 能创建工作区和项目，完成项目代码编写 3. 能完成控制灯泡亮灭代码的调试和测试 4. 能分析项目的执行结果，归纳所学知识与技能
序　号	主 要 步 骤
1	
2	

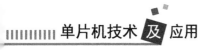

续表

序　号	主要步骤
3	
4	
5	

知识储备

1．STC单片机简介

STC单片机由深圳宏晶科技公司研发生产。该公司从1999年创立至今，对芯片内核、软硬件开源、芯片可靠性等核心技术持续进行钻研、升级和优化。STC单片机直接采用串口下载程序，不需要编程器，下载程序更方便。

STC单片机型号众多，功能引脚不同，本书中使用的是STC15W单片机。

1）STC单片机基本组成（图1-2-1）

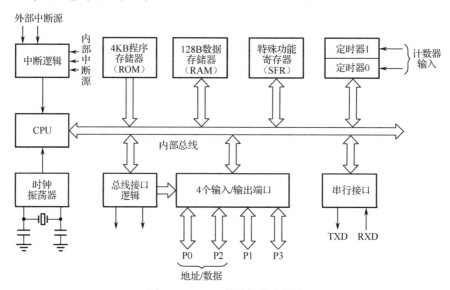

图1-2-1　STC单片机基本组成

STC单片机内部包含一个8位CPU、程序存储器、数据存储器等。其工作电压为2.5～5.5V，不需要编程器、外部晶振和外部复位，还可对外输出时钟和低电平复位信号。

2）CPU

CPU是整个单片机的核心部件，是8位处理器，负责控制、指挥和调度整个系统，完成运算、控制、输入、输出等操作。CPU主要由运算器和控制器两部分组成。

（1）运算器。

运算器是单片机的运算部件，用于实现算术、逻辑运算。运算器主要由算术、逻辑运算单元（ALU），暂存器（TMP），累加器（ACC），通用寄存器B，程序状态标志寄存器（PSW）等组成。

累加器（ACC）是一个8位寄存器。在进行算术、逻辑运算时，累加器在运算前暂存一个操作数，在运算后又将计算结果送回累加器。

通用寄存器 B 是一个 8 位寄存器，主要用于乘法和除法操作。

程序状态标志寄存器（PSW）是一个 8 位寄存器，用来存放运算后的状态信息，如有无进位、借位等。

（2）控制器。

控制器是单片机的"指挥部"，负责协调单片机各功能顺利执行。控制器主要包括定时控制逻辑电路、地址指针（DPTR）、程序计数器（PC）、堆栈指针（SP）等。

程序计数器是由 16 位寄存器构成的计数器。单片机在执行一段程序时，首先由程序计数器装入第一条指令所在的地址，同时寄存器内容就自动加 1，指向下一条指令地址，接着单片机按程序计数器所指向的地址一条一条地取出指令。

（3）时钟振荡器及定时器。

时钟振荡器可以输出时钟脉冲，CPU 内部根据时钟脉冲完成寄存器之间的数据传输、运算等操作。

3）存储器

存储器分为只读存储器、随机存储器两种，只读存储器主要存储程序、原始数据和常数，随机存储器主要存放临时数据、运算中间结果等。

4）STC 单片机命名（图 1-2-2）

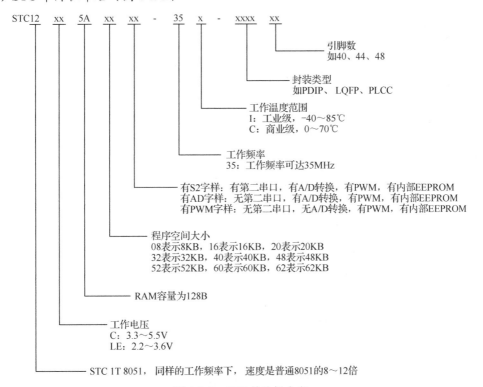

图 1-2-2 STC 单片机命名

5）STC15 系列单片机的内部可配置时钟

如图 1-2-3 所示，打开 STC 单片机自带的 ISP 软件后，可选择内部高精度时钟 IRC 的频率，本书选择 24MHz 作为内部时钟频率。

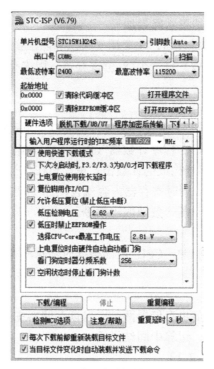

图 1-2-3 STC15 系列单片机的内部可配置时钟

6）封装

本书中 STC15W 单片机采用的封装形式如图 1-2-4 所示，共有 44 个引脚，包括"正电源"和"接地"两个引脚，外置时钟振荡器的两个引脚，4 组 8 位共 32 个 I/O 端口，4 个控制引脚等。

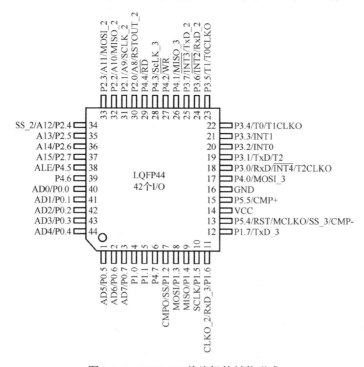

图 1-2-4 STC15W 单片机的封装形式

2．STC 单片机 I/O 端口简介

对单片机的控制，其实就是对单片机 I/O 端口的控制。无论单片机对外界进行何种控制，或接收外部的何种输入，都是通过 I/O 端口进行的。STC15W 单片机有 P0、P1、P2、P3、P4、P5 共六组端口，其中常用的有 P0、P1、P2、P3 四组 8 位双向输入/输出端口，每个端口都有锁存器、输出驱动器和输入缓冲器。其中 P0 和 P2 通常用于对外部存储器的访问。

单片机的四组端口的内部结构虽然不尽相同，但从基本功能（输出/输出端口）这个角度来看，可以把四组端口都看成 P1 端口（P0 端口要外加上拉电阻），端口的内部结构图如图 1-2-5 所示。

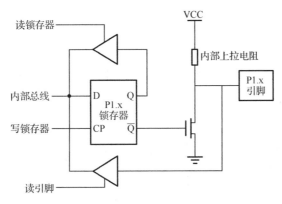

图 1-2-5 端口的内部结构图

STC15W 单片机的四组端口可配置为四种状态，即准双向口配置、开漏配置、推挽配置、高阻态配置。

1）准双向口配置（图 1-2-6）

作为逻辑输出时，这种配置方式必须有外部上拉电阻，即通过电阻外接到"VCC"。当端口输出为高电平时，驱动能力较弱，外部负载容易将其拉为低电平；当端口输出为低电平时，其驱动能力很强，可吸收大电流。

I/O 端口当作输入端口使用时，准双向口只能有效地读取低电平。读高电平时，须先向 I/O 端口（锁存器）写高电平后再读取。正因为有这个准备动作，所以称为准双向口。另外，准双向口无高阻的"浮空"状态。

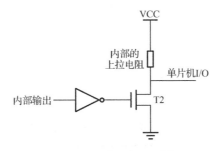

图 1-2-6 准双向口配置

2）开漏配置

开漏配置与准双向口配置相似，内部有上拉电阻，作为逻辑输出时，这种配置方式必须

有外部上拉电阻，即通过电阻外接到"VCC"。其优点是电气兼容性好，可较好地实现"线与"逻辑功能。

3）推挽配置

推挽配置的下拉结构与准双向口配置的下拉结构相同，其特点是不论输出高电平还是低电平都能驱动较大电流。

4）高阻态配置

单片机 I/O 端口还有一种状态叫高阻态，作为输入端口时，可以将 I/O 端口设置成高阻态，如果高阻态引脚本身悬空，它的状态则完全取决于外部输入信号的电平。因为高阻态引脚对"地"的等效电阻很大，所以称之为"高阻"。

3. 电路图分析

本项目所用的设备为新大陆公司 NEWLab 实训平台。其硬件连接示意图如图 1-2-7 所示，单片机的 P1.6 与继电器的 J2 连接。继电器的 J9 接 LED 的"+"端。继电器的 J8 接"VCC-12V"。当 P1.6 输出为高电平时，继电器开关闭合，J9 与 J8 相连，LED 点亮。

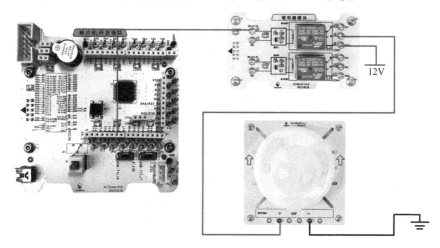

图 1-2-7　NEWLab 实训平台硬件连接示意图

4. 编程基础

本项目使用 Keil 软件对程序进行编译，支持符合 ANSI 标准的 C 语言。C 语言语法简洁、紧凑，使用方便、灵活，在单片机开发中得到了广泛的应用。由于 Keil C51 与 C 语言语法相近，以下只列出 Keil C51 增加的内容。

1）关键字

关键字是编程语言保留的特殊标识符，具有固定名称和含义。在程序编写中不允许标识符与关键字相同。Keil C51 中扩展的关键字见表 1-2-1。

表 1-2-1　Keil C51 中扩展的关键字

关　键　字	用　　途	说　　明
bit	位标量声明	声明一个位标量或位类型的函数
sbit	位标量声明	声明一个可位寻址变量
Sfr	特殊功能寄存器声明	声明一个特殊功能寄存器

续表

关 键 字	用 途	说 明
Sfr16	特殊功能寄存器声明	声明一个 16 位特殊功能寄存器
data	存储器类型说明	直接寻址的内部数据存储器
bdata	存储器类型说明	可位寻址的内部数据存储器
idata	存储器类型说明	间接寻址的内部数据存储器
pdata	存储器类型说明	分页寻址的外部数据存储器
xdata	存储器类型说明	外部数据存储器
code	存储器类型说明	程序存储器
interrupt	中断函数说明	定义一个中断函数
reentrant	再入函数说明	定义一个再入函数
using	寄存器组定义	定义芯片的工作寄存器

2）数据类型

Keil C51 支持 ANSI C 的所有标准数据类型。除此之外，为了有效地利用 8051 的结构，还加入了一些特殊的数据类型。表 1-2-2 列出了 Keil C51 数据类型。其中，整型和长整型的符号位字节在最低的地址中。除了这些标准数据类型，编译器还支持一种位数据类型。位变量存储在内部 RAM 的可位寻址区中，可像操作其他变量那样对位变量进行操作。

表 1-2-2　Keil C51 数据类型

数 据 类 型	名 称	长 度	值 域
unsigned char	无符号字符型	单字节	0～255
signed char	有符号字符型	单字节	−128～+127
unsigned int	无符号整型	双字节	0～65535
signed int	有符号整型	双字节	−32768～+32767
unsigned long	无符号长整型	4 字节	0～4294967295
signed long	有符号长整型	4 字节	−2147483648～+2147483647
float	浮点型	4 字节	±1.175494E-38～±3.402823E+38
*	指针型	1～3 字节	对象的地址
bit	位类型	位	0 或 1
sfr	特殊功能寄存器	单字节	0～255
sfr16	16 位特殊功能寄存器	双字节	0～65535
sbit	可寻址位	位	0 或 1

3）如何用"宏"表示常数

宏定义格式如下：

```
# define 宏名称 宏值
```

例如：

```
# define LED1 P1.0
```

该宏定义表示：程序中用到 P1.0 的地方都可以使用 LED1 这个宏来表示。习惯上宏名称使用大写字母。在进行宏定义时，行末不加分号。

5. 继电器

继电器是一种电子控制器件，它具有控制系统（输入回路）和被控制系统（输出回路），它是用较小的电流去控制较大电流的一种自动开关，在电路中起着自动调节、安全保护、转换电路等作用。

继电器一般由铁芯、线圈、衔铁、触点簧片等组成。在线圈两端加一定的电压，线圈中流过电流，从而产生电磁效应，衔铁就会在电磁力的作用下克服弹簧的拉力，从而使衔铁的动触点与静触点（常开触点）吸合。当线圈断电后，电磁的吸力也随之消失，衔铁就会在弹簧力的作用下返回原来的位置，使动触点与原来的静触点（常闭触点）分开。通过吸合、分开，达到导通、切断电路的目的。对于继电器的常开、常闭触点，可以这样来区分：继电器线圈未通电时处于断开状态的静触点为常开触点，处于接通状态的静触点为常闭触点。

本项目所用继电器模块如图 1-2-8 所示，其电路原理图如图 1-2-9 所示。当 J2 输入低电平时，Q1 截止，继电器线圈未通电，没有吸力，J10 与 J8 导通。

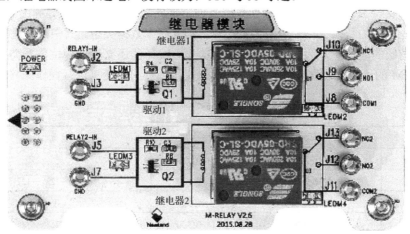

图 1-2-8　继电器模块

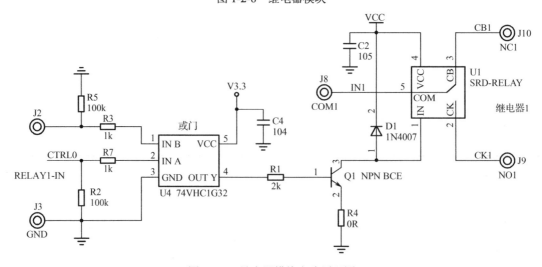

图 1-2-9　继电器模块电路原理图

20

当 J2 输入高电平时，Q1 饱和导通，Q1 集电极为低电平，继电器线圈通电，触点吸合，J8 与 J9 导通。

测一测

STC15W 单片机的 4 个端口可配置为_____、_____、_____、_____4 种状态。

想一想

STC15W 单片机由哪几个部分组成？每个部分的功能是什么？

设备与资源准备

任务实施前必须先准备好以下设备和资源。

序　号	设备/资源名称	数　量	是否准备到位
1	计算机	1	
2	Keil 软件	1	
3	NEWLab 实训平台（单片机开发模块）	1	
4	LED	1	
5	继电器模块	1	

任务实施导航

本任务具体实施步骤如下。

1. 硬件连接

本任务用到单片机开发模块、继电器模块和灯座。按照图 1-2-10 进行硬件连接。单片机开发模块的 P1.6 与继电器模块的 J2 相连。继电器模块的 J9 接 LED 的 "+" 端。继电器模块的 J8 接 "VCC-12V"。

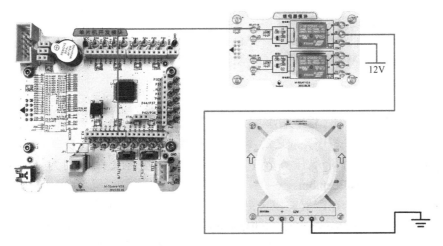

图 1-2-10　NEWLab 硬件连接示意图

2．建立工程

建立工程，编写程序。

参考程序如下。

```
1.    #include<intrins.h>
2.    #include "reg52.h"              //头文件
3.    sbit LED = P1^6;               //定义 P1.6
4.    void Delay5000ms()             //@24.000MHz
5.    {
6.        unsigned char j, k;
7.        unsigned int i;
8.        _nop_();
9.        _nop_();
10.       i = 500;
11.       j = 250;
12.       k = 186;
13.       do
14.         {
15.             do
16.               {
17.                   while (--k);
18.               }
19.             while (--j);
20.         }
21.       while (--i);
22.   }
23.   void main()                    //主函数
24.   {
25.       LED=1;                     //初始化 LED
26.       while(1)
27.         {
28.           LED=1;                 //LED 亮
29.           Delay5000ms();         //延时 5s
30.           LED=0;                 //LED 灭
31.           Delay5000ms();         //延时 5s
32.         }
33.   }
```

图 1-2-11 自锁开关

3．程序编译、下载

程序完成之后，需要进行编译。将 C 语言转换成 HEX 文件和 BIN 文件，本任务程序编译得到的可执行文件分别为 LedBeep.hex 和 LedBeep.bin。

在配置完成之后，单击"打开程序文件"按钮，选择编译得到的 LedBeep.hex 或 LedBeep.bin；选择系统频率为 22.1184MHz，弹起自锁开关（图 1-2-11）以断开单片机开发模块的电源，下载程序，按下自锁开关以供电给单片机开发模块，将程序下载到单片机内。

4．调试代码

在编译过程中会出现各种问题，可以根据提示的内容进行修改。即使编译正确，在下载、测试过程中也可能遇到各种问题，达不到预期效果，需要对程序进行检查、调试。

5．查看结果

观察 LED 的现象，每隔 5s 闪烁一次。

 任务检查与评价

详见本书配套资源。

 任务小结

熟悉编程语言，搭建开发环境并通过编写程序实现对外围电路（灯泡）状态的控制，最终实现 LED 闪烁的功能。

 任务拓展

设置系统频率为 11.0592MHz，实现本任务的所有功能。

1.3 任务 3 实现声控台灯功能

 职业能力目标

● 能根据任务要求，掌握声音传感器的工作原理，熟悉 STC-ISP 软件的使用方法。
● 能根据功能需求，了解 STC 单片机程序编写方法，实现声控台灯功能。

 任务描述与要求

任务描述： XX 公司根据市场需求调研结果，决定研发一款新产品——声控台灯，具有通过声音控制台灯亮灭的功能。该新产品分三期开发，研发部根据开发计划，现在要进行第三期开发，第三期开发计划要求使用 STC 单片机实现通过声音控制台灯亮灭的功能。

任务要求：
● 设计电路图并完成声控台灯的模块搭建。
● 通过编写程序，实现声音传感器检测到声响后，通过继电器将灯泡点亮的功能。

任务分析与计划

根据所学相关知识，完成本任务的实施计划。

项目名称	声控台灯
任务名称	实现声控台灯功能
计划方式	分组完成、团队合作、分析调研
计划要求	1. 能够按照连接图完成各模块之间的连接 2. 能搭建开发环境 3. 能创建工作区和项目，完成项目代码编写 4. 能完成实现声控台灯功能的代码调试和测试 5. 能分析执行结果，归纳所学的知识与技能
序　号	主 要 步 骤
1	
2	
3	
4	
5	

知识储备

1. 声音传感器简介

1）声音传感器的工作原理及分类

声音是由物体振动产生声波，通过介质（空气、固体、液体）传播并能被人或动物听觉器官所感知的波动现象。最初发出振动的物体叫声源。声音以波的形式传播。声波在介质中传播的速度称为声速，用 C 表示，单位为 m/s，声速的大小取决于介质的弹性和密度，而与声源无关。在常温（20℃）和标准大气压下空气中的声速为 344m/s。声波经过两个波长的距离所需的时间称为周期，用 T 表示，单位为 s；周期的倒数即声波每秒振动的重复次数称为频率，用 f 表示（$f = 1/T$），单位为 Hz。

对于人耳来说，只有频率为 20Hz～20kHz 的声波才会被感知，因此人们把这个范围的频率称为声频。

声音测量属于非电量的电测范畴。在声音测量过程中，声音传感器将外界的声音信号转换成相应的电信号，然后将这个电信号输送给电测系统以实现测量。

常用的声音传感器按换能原理的不同，大体可分为 3 种类型，即电动式、压电式和电容式。其典型应用为驻极体电容式传感器，它具有结构简单、使用方便、性能稳定可靠、灵敏度高等优点。

2）驻极体电容式传感器

驻极体电容式传感器的结构简图如图 1-3-1 所示。将电介质薄膜的一个面做成电极，与固定电极保持平行，并置于固定电极的对面，在薄膜的表面产生感应电荷。其实物如图 1-3-2 所示。

3）驻极体电容式传感器的应用电路

驻极体电容式传感器为了避免使用极化电压，有两种接法，如图 1-3-3 所示。其中，第一种接法动态范围大、电路稳定，第二种接法灵敏度高。

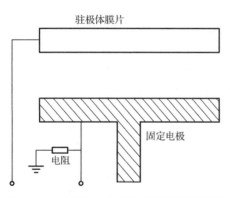

图 1-3-1 驻极体电容式传感器的结构简图 　　图 1-3-2 驻极体电容式传感器实物

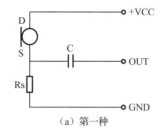

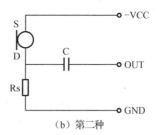

（a）第一种 　　　　　　　　　（b）第二种

图 1-3-3 驻极体电容式传感器的接法

在本任务中，声音传感器用于检测外界声音信号，并将外界声音信号转换成相应的电信号，即交流电压，经过电路处理后，完成对 LED 的控制。

2. 电路图分析

声音传感模块完整电路如图 1-3-4 所示。

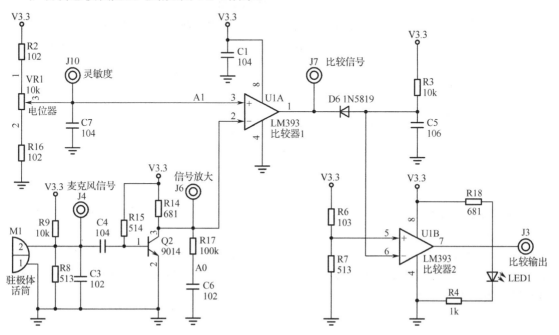

图 1-3-4 声音传感模块完整电路

驻极体话筒将声音信号转换为电信号后进行放大。放大后的音频信号叠加在直流电平上作为 LM393 比较器 1 的负端（2 脚）输入电压。采集电位器（VR1）调节端的电压作为 LM393 比较器 1 正端（3 脚）输入电压。LM393 比较器 1 对上述两个电压进行对比，输出端（1 脚）输出相应的电压信号。该电压信号经过 D6 升压，D6 正端的电压信号作为 LM393 比较器 2 负端（6 脚）输入电压，采集 R7 的电压信号作为 LM393 比较器 2 正端（5 脚）的输入电压。LM393 比较器 2 对上述两个电压进行对比，输出端（7 脚）输出相应的电压信号。调节 VR1，可调节 LM393 比较器 1 正端的输入电压，设置对应的采集灵敏度，即阈值电压。

当环境中没有声音或声音比较小时，驻极体话筒没有音频信号输出，LM393 比较器 1 的负端电压较低，小于阈值电压，输出高电平；该电压经过 D6，D6 正端的电压高于 LM393 比较器 2 正端电压，此时 LM393 比较器 2 输出低电平。

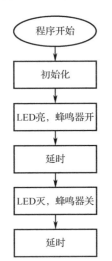

当环境中出现很大的声音时，驻极体话筒感应到并产生相应的音频信号，该音频信号经过放大后叠加在 LM393 比较器 1 负端的直流电平上，使得负端电压比正端电压高，LM393 比较器 1 输出低电平；该电压经过 D6 后，D6 正端的电压低于 LM393 比较器 2 的正端电压，LM393 比较器 2 输出高电平。

3. 程序流程图

如图 1-3-5 所示，程序开始运行后，首先进行 GPIO 的初始化，然后给 P1.0 赋值为"1"，使 LED 亮，同时调用延时函数使蜂鸣器发声。延时一段时间后给 P1.0 赋值为"0"，使 LED 灭，同时关闭蜂鸣器。

4. STC-ISP 简介

STC-ISP 为一款绿色软件，无须安装，可直接使用。使用过程中须与 NEWLab 底板配合，具体步骤如下。

第一步，将 NEWLab 底板连上电源线，并通过串口线与计算机相连。

图 1-3-5　程序流程图

第二步，将单片机模块放置在 NEWLab 底板上（通过磁性模块接口相连），并将通信模式开关调整到"通信模式"。注意：烧写过程（固件更新）中须保证串口没有被其他程序占用。

STC-ISP 设置如图 1-3-6 所示。

（1）单击"打开程序文件"按钮，选择需要下载的固件（不同实验选择不同的固件），文件格式为*.hex。

（2）用户程序运行时的 IRC 频率可以选择 11.0592MHz，也可以选择其他频率。按照每个任务的需求，选择相应的频率。

（3）"复位脚用作 I/O 口"复选框：如果第一次烧写，无须选中；如果之前下载过固件，可选中该复选框。

（4）"下载/编程"按钮：烧写固件时，NEWLab 底板选择"通信模式"，单击该按钮，将固件烧写至芯片。注意：单击"下载/编程"按钮时，单片机开发模块不能通电，然后再给单片机开发模块重新上电。

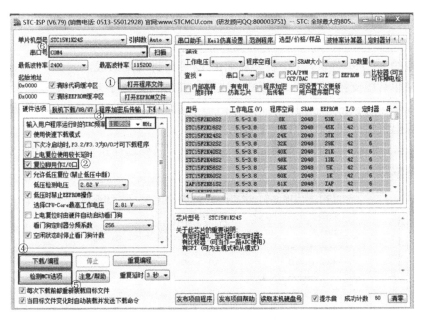

图 1-3-6 STC-ISP 设置

如果没烧写成功，可拨动单片机开发模块（图 1-3-7）上的 232 和 USB 拨码开关。

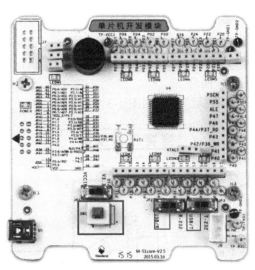

图 1-3-7 单片机开发模块

（5）"检测 MCU 选项"按钮：用于检测预烧写芯片的类型。

5. 延时函数

本任务以 11.0592MHz 晶振为例，详细讲解 STC15W 单片机延时程序的算法。

在单片机中有指令周期、时钟周期与机器周期。

指令周期：CPU 执行一条指令所需要的时间称为指令周期，它是以机器周期为单位的，指令不同，所需的机器周期也不同。

时钟周期：时钟周期=1/晶振频率。这是单片机的基本时间单位，也称振荡周期。

机器周期：单片机完成一个基本操作所需要的时间。单片机型号不同，机器周期也有所差别。

对于传统的 8051 单片机，1 个机器周期由 12 个时钟周期组成。

STC15W 单片机支持 12T 和 1T 模式，支持 12T 模式是为了兼容 89C51。工作在 1T 模式下时，STC15W 单片机的 1 个时钟周期就是 1 个机器周期。以 11.0592MHz 晶振为例，在 1T 模式下可以算出机器周期是 $1 \times 1/12 = 1/12 \mu s$。

STC-ISP 自带的软件延时计算器如图 1-3-8 所示，只要选择系统频率和定时长度，就会自动生成延时函数。

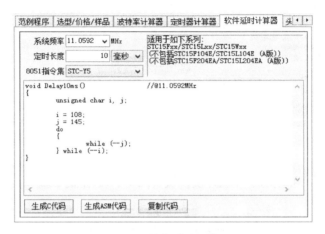

图 1-3-8　软件延时计算器

6. NEWLab 声音传感模块简介

NEWLab 声音传感模块电路板结构图如图 1-3-9 所示。

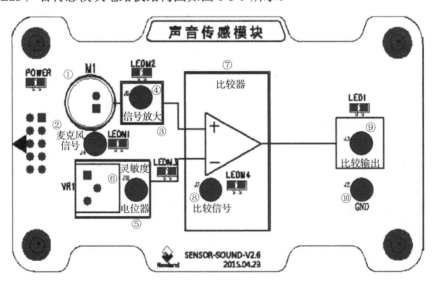

图 1-3-9　NEWLab 声音传感模块电路板结构图

① 为驻极体（MP9767P），用于输入语音信号。

② 为麦克风信号接口 J4，可测试麦克风输出的音频信号。

③ 为信号放大电路。

④ 为信号放大接口 J6，测量音频信号经过放大后叠加在直流电平上的信号，即 LM393 比较器 1 的正端输入电压。

⑤ 为灵敏度调节电位器。

⑥ 为灵敏度测试接口 J10，测量可调电阻可调端输出电压，即 LM393 比较器 1 的正端输入电压。

⑦ 为 LM393 比较器电路。

⑧ 为比较信号测试接口 J7，即 LM393 比较器 1 的输出电压。

⑨ 为比较输出测试接口 J3，即 LM393 比较器 2 的输出电压。

⑩ 为接地接口 J2。

测一测

（1）在常温（20℃）和标准大气压下空气中的声速是_____ m/s。

（2）人们把_____的频率称为声频。

想一想

驻极体电容式传感器有极性吗？如何分辨它的极性？

任务实施

设备与资源准备

任务实施前必须先准备好以下设备和资源。

序　号	设备/资源名称	数　量	是否准备到位
1	计算机	1	
2	Keil 软件	1	
3	NEWLab 实训平台	1	
5	LED	1	
6	继电器模块	1	

任务实施导航

本任务实施过程分成以下 5 步。

1．硬件连接

本任务用到单片机开发模块、声音传感模块、继电器模块和灯座。按照图 1-3-10 进行硬件连接。单片机开发模块的 P1.6 与继电器模块的 J2 相连，单片机开发模块的 P1.5 与声音传感模块的 J3 相连。

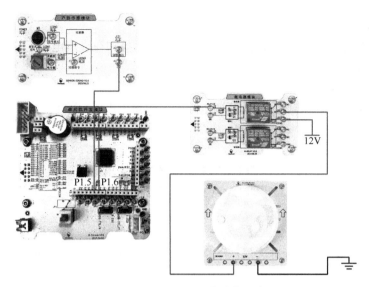

图 1-3-10　NEWLab 硬件连接示意图

2．建立工程

建立工程，在代码区内编写程序。

参考程序如下。

```
1.    #include<intrins.h>
2.    #include "reg52.h"              //头文件
3.    sbit LED   = P1^6;             //定义 P1.6
4.    sbit SOUND = P1^5;             //定义 P1.5
5.    void Delay3000ms()             //@24.000MHz
6.    {
7.       unsigned char j, k;
8.       unsigned int i;
9.       _nop_();
10.      _nop_();
11.      i = 300;
12.      j = 250;
13.      k = 186;
14.      do
15.      {
16.         do
17.         {
18.            while (--k);
19.         }
20.         while (--j);
21.      }
22.      while (--i);
23.    }
24.    void main()                   //主函数
25.    {
26.       LED=0;                     //初始化 LED
```

```
27.        while(1)
28.        {
29.            if(SOUND)
30.            {
31.                LED = 1;
32.                Delay3000ms();
33.                LED = 0;
34.            }
35.        }
36.    }
```

3. 程序编译下载

编写好程序之后，下一步进行编译，将 C 语言程序转换成可执行程序 HEX 文件和 BIN 文件，编译得到的可执行文件分别为 LedBeep.hex 和 LedBeep.bin。

4. 调试代码

在编译过程中，会出现各种问题，可以根据提示的内容进行修改。即使编译正确，在下载、测试过程中也会遇到各种问题，达不到预期效果，需要对程序进行检查、调试。

5. 查看结果

观察 LED 的现象，当拍手或者敲击 NEWLab 声音传感模块时，声音传感模块检测到声音后将 LED 点亮 3s。须调节灵敏度才能观察到正常现象，因为灵敏度太高会导致灯泡常亮，观察不到亮灭变化。

 任务检查与评价

详见本书配套资源。

任务小结

掌握单片机编程方法，尤其是延时程序的编写。熟练掌握 NEWLab 硬件连接方法。能通过程序实现声控台灯功能。

 任务拓展

（1）修改 LED 亮灭和蜂鸣器开关的时间。
（2）利用 NEWLab 实训平台所提供的设备，自行完成触摸延时开关功能。

项目二 电子门铃

随着科学技术的发展，越来越多的科技成果被用于人们的日常生活，人们的生活正朝着智能化的方向发展。人们日常生活中使用的电子门铃是由音乐集成块、外接电源、开关及发声元件共同构成的一种设备。有了电子门铃，不需要用手敲门，屋子里的人就会听到声音。

如图 2-0-1 所示为生活中的电子门铃。

本项目使用压电传感模块模拟电子门铃的开关，使用蜂鸣器模拟门铃的喇叭。

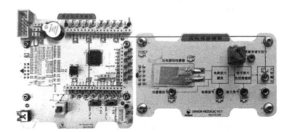

（a）外观 　　　　　　　　　　　　（b）电路板

图 2-0-1　生活中的电子门铃

2.1　任务 1 按键轮询控制蜂鸣器发声

 职业能力目标

- 能根据任务要求，快速查阅相关资料，准确掌握单片机端口的设置原理。
- 能根据功能需求，熟练掌握按键轮询的编程思路，实现按键控制蜂鸣器发声功能。

任务描述与要求

任务描述：XX 公司根据市场需求调研结果，决定研发一款新产品——电子门铃。该新产品分三期开发，研发部根据开发计划，现在要进行第一期开发，第一期开发计划要求对 STC 单片机进行编程，通过轮询的方式获取按键信息并控制蜂鸣器发声。

任务要求：
- 掌握单片机按键轮询的编程原理。
- 创建工程，通过对单片机编程实现按键控制 GPIO 的状态。

任务分析与计划

根据所学相关知识，完成本任务的实施计划。

项目名称	电子门铃	
任务名称	按键轮询控制蜂鸣器发声	
计划方式	分组完成、团队合作、分析调研	
计划要求	1. 能够按照连接图施工，完成各模块之间的连接	
	2. 能搭建开发环境	
	3. 能创建工作区和项目，完成项目代码编写	
	4. 能完成实现按键轮询控制蜂鸣器发声的代码的调试和测试	
	5. 能分析项目的执行结果，归纳所学的知识与技能	
序　号	主要步骤	
1		
2		
3		
4		
5		

1. 蜂鸣器原理

蜂鸣器是一种一体化结构的可以发出声响的电子发声器件，被广泛用于报警器、电子玩具、汽车电子设备、定时器等电子产品中。蜂鸣器在电路中用 H 或 HA 表示，蜂鸣器实物如图 2-1-1 所示。

蜂鸣器可以分为有源蜂鸣器和无源蜂鸣器，这里的"源"不是指电源，而是指振荡源。有源蜂鸣器内部带振荡源，所以只要通电，蜂鸣器就会发声。无源蜂鸣器内部不带振荡源，使用直流信号无法令其发声，必须使用交流信号驱动。本任务采用的蜂鸣器为有源蜂鸣器，其电路如图 2-1-2 所示。

图 2-1-1　蜂鸣器实物

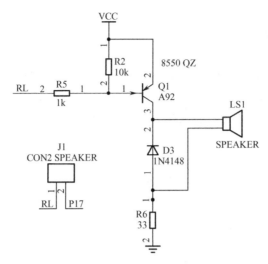

图 2-1-2　有源蜂鸣器电路

图 2-1-2 中 RL 通过短路帽与单片机的 P1.7 相连,当 P1.7 为低电平时,蜂鸣器发声。因此,本任务中需要通过跳线将 J1 短接,以实现蜂鸣器接入电路。

2．按键的工作原理

1）按键的分类

按键按照内部结构可分为两类,一类是触点式开关按键,如机械式开关、导电橡胶式开关等;另一类是无触点式开关按键,如电气式按键、磁感应按键等。前者造价低,后者寿命长。目前,单片机系统中使用最多的是触点式开关按键。

按键按照接口原理可分为全编码键盘与非编码键盘两类。这两类键盘的主要区别是,全编码键盘用硬件来实现对按键的识别,非编码键盘由软件来实现对按键的识别。

全编码键盘能够由硬件逻辑自动提供与键对应的编码,具有消抖、多键、串键保护电路。这种键盘使用方便,但需要较多的硬件,价格较高,一般的单片机系统较少采用。非编码键盘只简单地提供行和列的矩阵,其他工作均由软件完成。单片机系统中使用最多的是非编码键盘。非编码键盘又分为独立键盘和矩阵键盘。

常用按键如图 2-1-3 所示。

（a）弹性小按键　　　　　（b）轻触小按键　　　　　（c）自锁小按键

图 2-1-3　常用按键

弹性小按键和轻触小按键在按下时导通,松开后断开;自锁小按键按下时闭合且会锁住,再次按下时才弹起,通常把自锁小按键当作开关使用。

2）独立键盘电路

独立键盘电路是直接与单片机相连所构成的单个按键电路，如图 2-1-4 所示。其特点是每个按键单独占用一个 I/O 口，每个按键的工作不影响其他 I/O 口的状态。独立式按键电路配置灵活，结构简单，按键较多时，I/O 口浪费较大，不宜采用。

3）按键消抖

机械式按键按下或释放时，由于机械弹性作用的影响，通常伴随一定时间的抖动，然后触点才稳定下来，如图 2-1-5 所示。

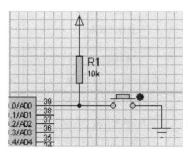

抖动时间的长短与按键的机械特性有关，一般为 5～10ms。在触点抖动期间，检测按键的通断状态，可能导致判断出错，即按键一次按下或释放被错误地认为是多次操作，会出现误判的情况，必须采取消抖措施。这种抖动对于人来说感觉不到，但对计算机来说，则完全能感应到。因为计算机处理时间为微秒级，而机械抖动的时间为毫秒级。

图 2-1-4　独立键盘电路

为了克服按键触点机械抖动导致的检测误判，可从硬件、软件两方面进行消抖。在键数较少时，可以采用硬件消抖；在键数较多时，可采用软件消抖。

硬件上，在输出端加 R-S 触发器（双稳态触发器）构成消抖电路，如图 2-1-6 所示。当触发器翻转时，触点抖动不会对其产生任何影响，按键输出经双稳态电路之后变为规范的矩形波。

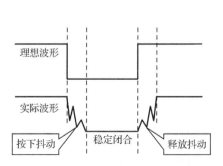

图 2-1-5　机械式按键的波形

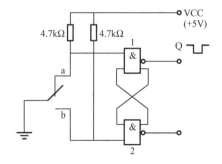

图 2-1-6　硬件消抖电路

软件上，消抖采用延时的方法。通过延时，错过抖动期，就能消除抖动干扰。在检测到有按键按下时，执行 10ms 左右（具体时间应视所使用的按键进行调整）的延时程序，再确认该按键是否仍保持闭合状态，若仍然保持闭合状态，则确认该按键处于闭合状态。同理，在检测到该按键释放后，也采用相同的步骤进行确认，从而消除抖动的影响。

4）按键的击键类型

按键处理是人机界面的主要组成部分，按键的动作比较复杂，就击键类型来说，可以划分为以下几种，见表 2-1-1。

（1）按照击键时间来划分，可以分为"短击"和"长击"。

（2）按照击键后执行的次数来划分，可以分为"单击"和"连击"。

（3）另外，还有一些组合击键方法，如"双击"或"同击"等。

通过软件对按键的击键类型进行识别比较复杂，本书中仅使用"单击"这种击键类型。

表 2-1-1 按键的击键类型

击 键 类 型	类 型 说 明	应 用 领 域
单键单次短击 （简称"短击"或"单击"）	用户快速按下按键，然后立即释放	基本类型，应用非常广泛
单键单次长击 （简称"长击"）	用户按下按键并保持一定时间再释放	（1）用于按键的复用 （2）某些隐藏功能 （3）某些重要功能，为了防止用户误操作
单键连续按下 （简称"连击"或"连按"）	用户按下按键不放，此时系统要按一定的时间间隔连续响应	用于调节参数，达到连加或连减的效果
单键连按两次或多次 （简称"双击"或"多击"）	相当于在一定的时间间隔内两次或多次单击	（1）用于按键的复用 （2）某些隐藏功能
双键或多键同时按下 （简称"同击"或"复合按键"）	用户同时按下两个或多个按键，然后同时释放	（1）用于按键的复用 （2）某些隐藏功能
无键按下 （简称"无键"或"无击"）	当用户在一定时间内未按任何按键时需要执行某些特殊功能	（1）设置模式的自动退出功能 （2）自动进入待机或睡眠模式

3. 按键电路原理图

本任务中的独立键盘由矩阵键盘改造而成，在任务中使用按键 K4，将"ROW0"接"GND"，"COL0"接单片机 P1.6。按键未按下时，单片机 P1.6 与 VCC 相连，此时单片机 P1.6 为高电平；当按键按下时，VCC 通过按键 K4 接地，此时单片机 P1.6 为低电平。矩阵键盘的电路图如图 2-1-7 所示。

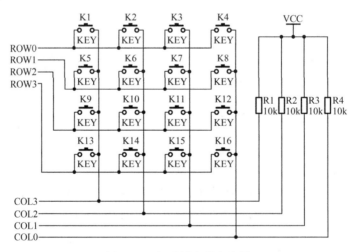

图 2-1-7 矩阵键盘的电路图

4. 程序流程图

本任务通过不断读取 I/O 口的状态，判断是否有按键按下。如果有按键按下，则驱动蜂鸣器发声。

如图 2-1-8 所示，判断"有按键按下""延时 10ms"和判断"同一按键按下"构成了软件消抖，以确认是否有按键按下，即通过延时，错过抖动期，就能消除抖动干扰。

在确认按键按下后，就会执行后面的语句，如果没有"待按键释放"这条语句，程序会很快返回，进行下一次按键确认，如果此时按键还没有释放，又会执行按键按下后面的语句，只要这个按键不释放，按键按下后面的语句就会被反复执行，执行的次数取决于按下的时间。试想，如果按键要完成"按一下数值加 1"之类的工作，数据就会快速递增，很快达到上限或者溢出，便会造成按键不能正常工作的故障。

当增加了"待按键释放"语句后，执行完按键按下后面的语句，程序等待按键释放，避免了程序立刻返回，不会重复执行按键按下后面的语句，只有按键释放后，才继续往下执行，然后返回。

5．主要代码分析

void Delay10ms()：延时函数，延时 10ms，用于按键防抖。

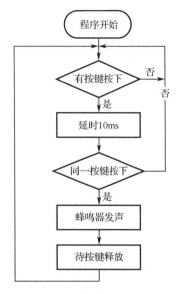

图 2-1-8　按键扫描检测的程序流程图

void Delay1000ms()：延时函数，延时 1s，用于蜂鸣器发声。

void main()：主函数，主要实现按键消抖和蜂鸣器发声的功能。

具体代码如下。

```
1.    void main()
2.    {
3.      while(1)
4.      {
5.        if(Key1==0)                //判断是否扫描到按键 1
6.        {
7.          Delay10ms();
8.        }                          //延时消抖
9.        if(Key1==0)                //再次判断是否扫描到按键 1
10.       {
11.         while(1)
12.         { Buzzer=0;
13.           Delay1000ms();
14.           Buzzer=1;
15.           Delay1000ms();
16.         }
17.         while(!Key1);            //等待按键释放
18.       }
19.     }
20.   }
```

测一测

（1）蜂鸣器可以分为＿＿＿＿＿和＿＿＿＿＿，它常应用于＿＿＿＿＿、＿＿＿＿＿、＿＿＿＿＿、＿＿＿＿＿等领域。

（2）按键按照结构原理可分为_____和_____两类，按键按照接口原理可分为_____和_____两类。

 想一想

（1）弹性小按键、轻触小按键和自锁小按键在功能上有什么区别？分别适用于什么场合？

（2）简述全编码键盘和非编码键盘各自的优、缺点及适用的场合。

（3）简述机械式按键消抖的方法。

 任务实施

设备与资源准备

任务实施前必须先准备好以下设备和资源。

序　号	设备/资源名称	数　量	是否准备到位
1	计算机	1	
2	NEWLab 实训平台	1	
3	单片机开发模块	1	
4	键盘模块	1	

任务实施导航

本任务实施过程分成以下 5 步。

1. 搭建硬件环境

按键扫描检测硬件连接示意图如图 2-1-9 所示，"ROW0"接"GND"，"COL0"接单片机 P1.6，按键"项目 5"（第一行从左数第五个）便接入电路。按键按下，P1.6 由高电平变为低电平。单片机模块上 J1 跳线相连，单片机 P1.7 与蜂鸣器相连。

图 2-1-9　按键扫描检测硬件连接示意图

2. 建立工程

1）添加头文件

首先下载 STC 官方提供的头文件"stc15w1k24s.h"（源代码中已提供），复制该文件并粘

贴到工程文件夹中。添加代码 "#include "stc15w1k24s.h"",头文件添加完毕。在后续项目中都需要添加头文件 "stc15w1k24s.h",按照上述步骤操作即可。

2)按键轮询扫描检测程序

```
1.    #include "stc15w1k24s.h"
2.    #include "INTRINS.h"
3.    sbit Buzzer = P1^7;                    //蜂鸣器
4.    sbit Key1 = P1^6;                      //独立按键的定义
5.    void Delay10us(char k)                 //延时 10μs
6.    {
7.         unsigned char i;
8.         while(k--)
9.         {
10.            _nop_();
11.            _nop_();
12.            i = 57;
13.            while (--i);
14.        }
15.   }
16.   void Delay10ms()                       //延时 10ms
17.   {
18.        unsigned char i, j;
19.        i = 108;
20.        j = 145;
21.        do
22.        {
23.            while (--j);
24.        }
25.        while (--i);
26.   }
27.   bit flag=0;
28.   void main()
29.   {
30.        while(1)
31.        {
32.            if(Key1==0)                    //判断是否扫描到按键 1
33.            {
34.                Delay10ms();               //延时消抖
35.                if(Key1==0)                //再次判断是否扫描到按键 1
36.                {
37.                    flag=!flag;
38.                    while(!Key1);          //等待按键释放
39.                }
40.            }
41.            if(flag)
42.            {
43.                Buzzer=0;
```

```
44.            Delay10us(10);
45.            Buzzer=1;
46.            Delay10us(10);
47.        }
48.        if(!flag)
49.        {
50.            Buzzer=0;
51.        }
52.    }
53. }
```

3．程序编译、下载、测试

进行程序编译，编译无误后，通过 ISP 进行下载。

4．调试代码

在编译过程中，会出现各种问题，可以根据提示的内容进行修改、调试。

5．查看结果

按下按键时，蜂鸣器发声，模拟门铃功能。

任务检查与评价

详见本书配套资源。

任务小结

通过对单片机编程、按键等知识的学习，熟练掌握单片机端口的设置原理；能够编写按键轮询的程序，实现按键控制蜂鸣器发声功能。

任务拓展

参考本任务相关理论知识，自行设计代码，完成如下功能：按一次按键，蜂鸣器响，再按一次按键，蜂鸣器不响，循环往复。

2.2 任务 2 按键中断控制蜂鸣器发声

职业能力目标

- 能根据任务要求，快速查阅相关资料，理解单片机中断的基本原理。
- 能根据功能需求，熟练掌握按键中断的编程思路，实现按键中断控制蜂鸣器发声功能。

任务描述与要求

任务描述：XX 公司根据市场需求调研结果，决定研发一款新产品——电子门铃。该新产品分三期开发，研发部根据开发计划，现在要进行第二期开发，第二期开发计划要求对 STC 单片机进行编程，程序通过中断的方式获取按键信息并控制蜂鸣器发声。

任务要求：

● 掌握单片机按键中断的编程原理。

● 创建工程，通过对单片机编程实现按键控制 GPIO 的状态。

任务分析与计划

根据所学相关知识，完成本任务的实施计划。

项目名称	电子门铃	
任务名称	按键中断控制蜂鸣器发声	
计划方式	分组完成、团队合作、分析调研	
计划要求	1. 能够按照连接图施工，完成各模块之间的连接	
	2. 能搭建开发环境	
	3. 能创建工作区和项目，完成项目代码编写	
	4. 能完成实现按键中断控制蜂鸣器发声的代码的调试和测试	
	5. 能分析项目的执行结果，归纳所学的知识与技能	
序　号	主　要　步　骤	
1		
2		
3		
4		
5		

1．中断的相关概念

1）中断的概念

在任务 1 中，通过轮询的方式查询按键的状态。在这种情况下，单片机只能采用程序查询，CPU 处于等待状态，不能做其他的事情。显然，采用这种方式的单片机工作效率太低。单片机应该具有实时处理功能，能对外部或内部发生的事件做出及时的处理，因此可以通过中断技术解决这个问题，中断的执行过程如图 2-2-1 所示。

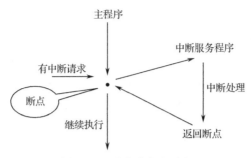

图 2-2-1　中断的执行过程

2）中断的内部结构

51 单片机的中断系统有五个中断源、两个优先级，可实现二级中断嵌套，其内部结构如图 2-2-2 所示。

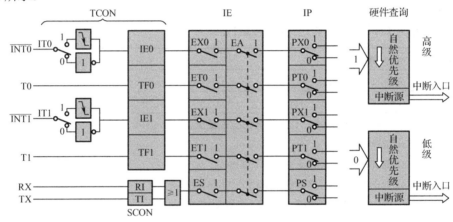

图 2-2-2　51 单片机中断系统的内部结构

3）中断源

中断源是指能发出中断请求、引起中断的装置或事件。STC 单片机内部提供 21 个中断源。最常见的中断源有：两个外部中断请求 INT0 和 INT1，两个片内定时/计数器 T0 和 T1 的溢出中断请求，两个片内串行接口中断请求等。

4）中断相关寄存器

STC 单片机内部与中断相关的寄存器很多，与本项目相关的有以下几个。

（1）中断允许寄存器 IE。

CPU 对所有中断的处理及某个中断源的开放和屏蔽由中断允许寄存器 IE 控制，见表 2-2-1。

表 2-2-1　中断允许寄存器 IE

位	7	6	5	4	3	2	1	0
字节地址：A8H	EA			ES	ET1	EX1	ET0	EX0	IE

EX0：外部中断 0（INT0）允许位。

EX1：外部中断 1（INT1）允许位。

EA：CPU 中断允许位。

（2）中断标志寄存器 TCON（表 2-2-2）。

表 2-2-2　中断标志寄存器 TCON

位	7	6	5	4	3	2	1	0	
字节地址：88H	TF1	TR1	TF0	TR0	IE1	IT1	IE0	IT0	TCON

在中断标志寄存器中，IT0 为外部中断 0（INT0）触发方式控制位。当 IT0 置 0 时，触发方式为电平触发；当 IT0 置 1 时，触发方式为边沿触发（下降沿有效）。

5）中断响应的条件

某个中断要得到响应必须同时满足以下几个条件：中断源有中断请求；此中断源的中断允许位置为 1，表示中断允许；CPU 开中断（即 EA=1）。

6）C 语言中断服务函数格式说明

C 语言允许用户自己编写中断服务子程序（中断函数）。程序格式：

函数类型　函数名(形式参数) interrupt m [using n] {}

关键字 interrupt m [using n] 表示这是一个中断函数。

m 为中断编号，如果有五个中断源，则取值为 0、1、2、3、4。中断编号会告诉编译器中断程序的入口地址。n 为单片机工作寄存器组（又称通用寄存器组）编号。

例如，本任务涉及的中断服务函数如下：

int0() interrupt 0 {}

2．中断函数初始化流程

（1）设置外部中断 0 的触发方式。

（2）允许外部中断产生（EX0=1）。

（3）打开总中断（EA = 1）。

3．按键中断检测程序流程图

按键中断检测程序流程图如图 2-2-3 所示。

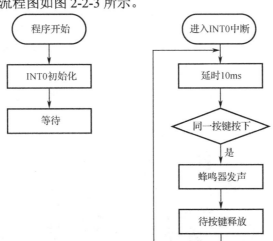

图 2-2-3　按键中断检测程序流程图

本任务实现当按键按下时产生外部中断，在中断函数内控制蜂鸣器发声。

对中断处理程序的要求是处理时间越短越好，除非是必须在中断中进行处理的事务，否则应尽量在主程序中处理事务。本任务在中断中使用了延时进行软件消抖，在延时期间如果有其他中断产生，CPU 是无法及时响应的（除非有高优先级的中断到来），所以在中断中使用延时并不合适。

（1）51 单片机的中断系统有_____个中断源、_____个优先级，可实现_____中断嵌套。

（2）中断源是指能发出_____请求、引起_____的装置或事件。

（3）STC 单片机内部与中断相关的寄存器有_____和_____。

想一想

（1）什么是中断？

（2）中断要得到响应必须同时满足哪几个条件？

设备与资源准备

任务实施前必须先准备好以下设备和资源。

序　号	设备/资源名称	数　量	是否准备到位
1	计算机	1	
2	NEWLab 实训平台	1	
3	单片机开发模块	1	

任务实施导航

本任务实施过程分成以下 5 步。

1. 搭建硬件环境

按键扫描检测硬件连接示意图如图 2-2-4 所示，"ROW0" 接 "GND"，"COL0" 接单片机 P3.2，按键 "项目 5"（第一行从左数第五个）便接入电路。按键按下，P3.2 由高电平变为低电平。单片机模块上 J1 跳线相连，单片机 P1.7 与蜂鸣器相连。

图 2-2-4　按键扫描检测硬件连接示意图

2. 编写按键中断检测代码

```
1.  #include "stc15w1k24s.h"
2.  sbit Buzzer = P1^7;                //独立按键的定义
3.  sbit Key1 = P3^2;
4.  void Delay10ms()                   //延时 10ms
5.  {
6.      unsigned char i, j;
7.      i = 108;
8.      j = 145;
9.      do
10.     {
11.         while (--j);
12.     }
13.     while (--i);
14. }
15. void Delay1000ms()                 //@11.0592MHz
16. {
17.     unsigned char i, j, k;
18.     i = 43;
19.     j = 6;
20.     k = 203;
21.     do
22.     {
23.         do
24.         {
25.             while (--k);
26.         }
27.         while (--j);
28.     }
29.     while (--i);
30. }
31. void main()
32. {
33.     IT0=1;                         //设置 INT0 为下降沿触发
34.     EX0=1;                         //打开 INT0 中断
35.     EA=1;                          //开总中断
36.     while(1)
37.     { };                           //等待
38. }
39. int0() interrupt 0                 //INT0 中断处理程序
40. {
41.     Delay10ms();                   //延时消抖
42.     if(Key1==0)                    //再次判断是否扫描到按键 1
43.     {
44.         while(1)
45.         {
```

```
46.          Buzzer=0;
47.          Delay1000ms();
48.          Buzzer=1;
49.          Delay1000ms();
50.        }
51.      while(!Key1);              //等待按键释放
52.    }
53. }
```

3．程序编译、下载、测试

进行程序编译，编译无误后，通过 ISP 进行下载，观看现象。

4．调试代码

在编译过程中，会出现各种问题，可以根据提示的内容进行修改、调试。

5．查看结果

按下按键时，蜂鸣器发声。

 任务检查与评价

详见本书配套资源。

 任务小结

通过对单片机中断知识的学习，熟练掌握单片机外部中断的设置原理，并能完成按键中断程序的编写，实现按键中断控制蜂鸣器发声功能。

 任务拓展

参考本任务相关理论知识，通过中断的方式，自行设计代码完成如下功能：按一次按键，蜂鸣器响，再按一次按键，蜂鸣器关闭，循环往复。

2.3　任务 3 通过压电传感器实现电子门铃功能

 职业能力目标

● 能根据任务要求，查阅相关资料，理解单片机编程的基本原理。
● 能根据功能需求，熟练掌握单片机与传感器的编程方法，实现电子门铃的功能。

任务描述与要求

任务描述： XX 公司根据市场需求调研结果，决定研发一款新产品——电子门铃。该新产品分三期开发，研发部根据开发计划，现在要进行第三期开发，第三期开发计划要求对 STC 单片机进行编程，并通过压电传感器（开关）控制蜂鸣器发声。

任务要求：
- 掌握单片机的编程方法。
- 创建工程，通过对单片机编程实现通过压电传感器（开关）控制蜂鸣器发声的功能。

任务分析与计划

根据所学相关知识，完成本任务的实施计划。

项目名称	电子门铃
任务名称	通过压电传感器实现电子门铃功能
计划方式	分组完成、团队合作、分析调研
计划要求	1. 能够按照连接图施工，完成各模块之间的连接 2. 能搭建开发环境 3. 能创建工作区和项目，完成项目代码编写 4. 能完成电子门铃的代码调试和测试 5. 能分析项目的执行结果，归纳所学的知识与技能

序　号	主　要　步　骤
1	
2	
3	
4	

 知识储备

1. 压电传感器简介

压电传感器是一种基于压电效应的传感器。它的敏感元件由压电材料制成，压电材料受力后表面产生电荷，因此它可以测量最终能变换成电量的非电量，如力、压力、加速度等。

压电传感器刚度大、固有频率高，配有适当的电荷放大模块，能在 0～10kHz 范围内工作，尤其适用于测量迅速变化的参数。近年来，压电测试技术发展迅速，特别是电子技术的迅速发展，使压电传感器的应用越来越广泛。

2. 压电传感器的工作原理

1) 压电效应

一些电介质在受到一定方向的外力作用而变形时，内部产生极化现象，其表面产生电荷，

当去掉外力后，又重新回到不带电状态，这种将机械能转换成电能的现象称为正压电效应，又称压电效应，如图 2-3-1 所示。

2）压电传感器等效电路

当压电片受力时在一个极板上聚集正电荷，另一个极板上聚集负电荷，正负电荷量相等，如图 2-3-2 所示。两极板聚集电荷，中间为绝缘体，构成一个电容器，其电容量为

$$C_a = \varepsilon_r \varepsilon_0 S/h$$

式中，S 为极板面积，h 为压电片厚度，ε_0 为空气介电常数，ε_r 为压电材料相对介电常数。

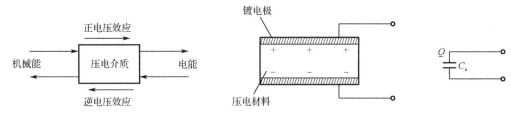

图 2-3-1　压电效应　　　　　图 2-3-2　压电传感器等效电路

3）压电材料

选择压电材料的原则是：具有较大的相对介电常数；压电元件机械强度高、刚度大，并具有较高的固有振动频率；具有较高的电阻率，以减少电荷的泄漏及外部分布电容的影响，获得良好的低频特性；压电材料的压电特性不随时间改变，有较好的时间稳定性等。

压电材料有石英晶体、压电陶瓷、压电半导体。

（1）石英晶体。

石英晶体有天然和人工两种，如图 2-3-3 所示。人工石英晶体与天然石英晶体区别不大。石英晶体有较大的机械强度和稳定的机械性能，缺点是灵敏度低，相对介电常数小，因此逐渐被其他压电材料所代替。

（2）压电陶瓷。

压电陶瓷一种应用普遍的压电材料，如图 2-3-4 所示。它具有烧制方便、耐湿、耐高温、易于成形等特点。当前常用的压电陶瓷是锆钛酸铅（PZT）。此外，氧化锌和氮化铝等压电陶瓷已成为当今微波器件的关键材料。

图 2-3-3　天然和人工石英晶体　　　　　图 2-3-4　压电陶瓷

（3）压电半导体。

有些晶体既具有半导体特性又具有压电性能，如 ZnS、GaS、GaAs 等。因此，既可利用它们的压电特性研制传感器，又可利用半导体特性以微电子技术制成电子器件。两者结合起来，就出现了集转换元件和电子线路于一体的新型传感器。

3. LDT0-028K

本任务用到的压电传感器型号为 LDT0-028K。它是一款具有良好柔韧性的传感器，如图 2-3-5 所示。它采用 28μm 的压电薄膜，其上丝印银浆电极，薄膜被层压在 0.125mm 的聚酯基片上，电极由两个压接端子引出。当压电薄膜在垂直方向受到外力作用偏离中轴线时，会有高电压输出。LDT0-028K 可以作为一个柔性开关，产生的输出足以直接触发 MOSFET 和 CMOS 电路。

图 2-3-5 LDT0-028K 压电传感器

4. NEWLab 压电传感模块

如图 2-3-6 所示为 NEWLab 压电传感模块电路板结构图。

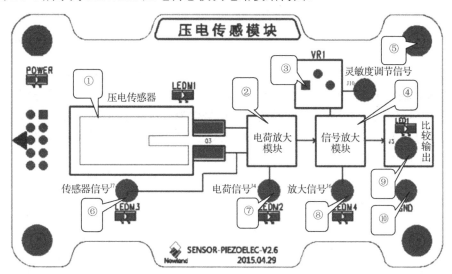

图 2-3-6 NEWLab 压电传感模块电路板结构图

① 为 LDT0-028K 压电传感器。

② 为电荷放大模块。

③ 为灵敏度调节电位器。

④ 为信号放大模块。

⑤ 为灵敏度调节信号接口 J10。

⑥ 为传感器信号接口 J7，用于测量压电传感器的输出信号。

⑦ 为电荷信号接口 J4，用于测量电荷放大模块的输出信号。

⑧ 为放大信号接口 J6,用于测量信号放大模块的输出信号。

⑨ 为比较输出接口 J3。

⑩ 为 GND 接口 J2。

电荷放大模块主要元件为高输入阻抗运算放大器 CA3140,电源电压为 4～36V,它结合了压电 PMOS 晶体管工艺和高电压晶体管的优点。如图 2-3-7 所示,压电传感器检测到振动信号后,经 CA3140 放大,滤波后输入比较器 1 变成数字信号,然后经过比较器 2 并输出。

信号放大模块电路如图 2-3-8 所示。它的主要作用是把电荷放大模块的输出信号进行适当的放大,叠加在直流电平上作为 LM393 比较器 1 的负端(2 脚)输入电压。

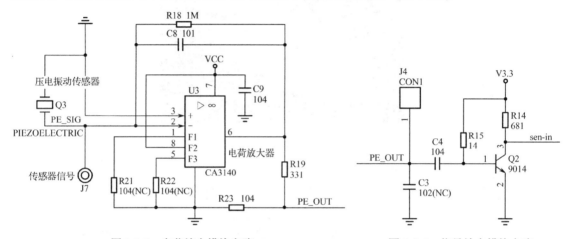

图 2-3-7 电荷放大模块电路   图 2-3-8 信号放大模块电路

比较器模块电路如图 2-3-9 所示。灵敏度调节电位器(VR1)调节端的电压作为比较器 1 正端(3 脚)输入电压。比较器 1 将两个电压进行对比,输出端(1 脚)输出相应的电压信号。该电压信号经过 D6 升压,D6 正端的电压信号作为比较器 2 负端(6 脚)输入电压,采集 R7 的电压信号作为比较器 2 正端(5 脚)的输入电压,比较器 2 将两个电压进行对比,输出端(7 脚)输出相应的电压信号。

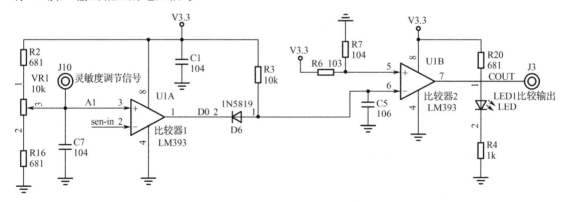

图 2-3-9 比较器模块电路

调节 VR1,可调节比较器 1 正端的输入电压,设置对应的灵敏度,即阈值电压。当压电传感器不受力时,没有电荷信号输出,比较器 1 的负端电压较低,小于阈值电压,比较器输出高电平;该电压经过 D6,D6 正端的电压比比较器 2 的正端电压高,比较器 2 输出低电平。当压电传感器受力时，输出电荷信号，该电荷信号经电荷放大模块与信号放大模块放大后叠加在比较器 1 负端的直流电平上，使得负端电压比正端电压高，比较器 1 输出低电平；该电压经过 D6 后，D6 正端的电压比比较器 2 的正端电压低，比较器 2 输出高电平。

 测一测

（1）压电传感器是一种基于_____的传感器，它的敏感元件由_____制成。

（2）将_____能转换成_____能的现象称为正压电效应，又称压电效应。

（3）压电材料有_____、_____、_____。

想一想

压电传感器在日常生活中有哪些应用？

任务实施

设备与资源准备

任务实施前必须先准备好以下设备和资源。

序　号	设备/资源名称	数　量	是否准备到位
1	计算机	1	
2	NEWLab 实训平台	1	
3	单片机开发模块	1	
4	压电传感模块	1	

任务实施导航

本任务实施过程分成以下 5 步。

（1）搭建硬件环境。

如图 2-3-10 所示，压电传感模块的"比较输出端"接单片机 P3.2。按下压电传感器时，"比较输出端"输出高电平，即 P3.2 为高电平输入。此时，压电传感器用作模拟开关。单片机 P1.7 与蜂鸣器相连。

图 2-3-10　硬件连接图

（2）参考任务 1、2 的内容，自行编写代码。

（3）参考任务 1、2 的内容，进行程序编译、下载、测试。

（4）参考任务 1、2 的内容，调试代码。

（5）查看结果。

按下压电传感器时，蜂鸣器发出声音。

 **任务检查与评价**

详见本书配套资源。

 任务小结

通过对压电传感器和单片机相关知识的学习，熟练掌握通过压电传感器触发单片机产生外部中断的设置原理，并能完成中断程序的编写，实现蜂鸣器发声功能。

 任务拓展

参考本任务相关理论知识，通过中断的方式，更换其他传感器完成类似的功能，想一想，可以是什么传感器？

参考本任务相关理论知识，编写中断程序，实现按一次按键蜂鸣器响，再按一次蜂鸣器不响。

项目 三 简易计时器

中国古代计时器产生于战国时代。利用机械原理设计的古代计时器主要有两大类：一类利用流体力学原理计时，有刻漏和沙漏；另一类采用机械传动结构计时，有浑天仪、水运仪象台等。

沙漏也称沙钟，作为计时装置，它的应用非常广泛。西方沙漏由两个玻璃球和一个狭窄的连接管道组成。

如今，沙漏已成为艺术品，它的计时功能已被很多电子设备取代。电子秒表便是其中之一，在日常生活中可实现计时功能。它与机械式时钟相比具有更高的准确性和直观性，且无机械装置，具有更长的使用寿命，给人们的生产和生活带来了极大的方便。

简易计时器实物图如图 3-0-1 所示。本项目通过 NEWLab 单片机开发模块和显示模块模拟计时器的计时功能和显示功能，如图 3-0-2 所示为硬件接线图。

图 3-0-1　简易计时器实物图

图 3-0-2　硬件接线图

3.1　任务 1 定时器控制 LED 闪烁

职业能力目标

● 能根据任务要求，快速查阅相关资料，准确掌握单片机定时器的编程原理。

● 能根据功能需求，熟练掌握单片机中定时器中断的编程思路，实现定时器控制 LED 每隔一秒闪烁一次的功能。

任务描述与要求

任务描述： XX 公司根据市场需求调研结果，决定研发一款新产品——简易计时器，要求实现计时功能。该新产品分两期开发，研发部根据开发计划，现在要进行第一期开发，第一期开发计划要求使用 STC 单片机编程实现以定时器中断的方式控制 LED 每隔一秒闪烁一次的功能。

任务要求：
- 掌握单片机定时器的编程原理。
- 创建工程，通过编程实现单片机对 LED 的控制功能。

任务分析与计划

根据所学相关知识，完成本任务的实施计划。

项目名称	简易计时器	
任务名称	定时器控制 LED 闪烁	
计划方式	分组完成、团队合作、分析调研	
计划要求	1. 能够按照连接图施工，完成各模块之间的连接	
	2. 能搭建开发环境	
	3. 能创建工作区和项目，完成项目代码编写	
	4. 能完成定时器控制 LED 闪烁的代码调试和测试	
	5. 能分析项目的执行结果，归纳所学的知识与技能	
序　号	主　要　步　骤	
1		
2		
3		
4		
5		

 知识储备

1. LED 简介

LED（Light Emitting Diode）是一种能够将电能转化为可见光的固态半导体器件，LED（分立元件）实物如图 3-1-1 所示。

LED 内部结构如图 3-1-2 所示。

LED 是一个半导体晶片，晶片的一端连接负极引脚，另一端连接正极引脚，整个晶片被环氧树脂封装起来。晶片由两部分组成，一部分是 P 型半导体，在它里面空穴占主导地位；

另一部分是 N 型半导体。这两种半导体连接起来时，它们之间就形成了一个 PN 结。当电流通过导线作用于这个晶片时，电子就会被推向 P 区，在 P 区电子与空穴复合，并以光子的形式发出能量，这就是 LED 发光的原理。光的波长决定了光的颜色，常见的颜色有红色、绿色、蓝色和白色等。

图 3-1-1　LED（分立元件）实物

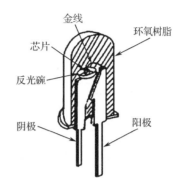

图 3-1-2　LED 内部结构

为了小型化及满足生产方便的需求，市场上多使用贴片 LED（图 3-1-3）。小功率的 LED 通常用于指示灯，大功率的 LED 主要用于照明。

图 3-1-3　贴片 LED

一般来说，LED 的工作电压是 2～3.6V，工作电流是 2～30mA。不同规格、型号 LED 的工作电压、工作电流不相同。本任务采用的是高电平驱动电路，如图 3-1-4 所示。

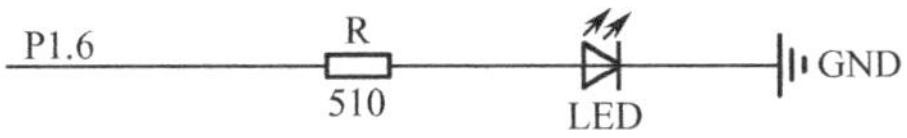

图 3-1-4　高电平驱动电路

P1.6 与单片机 I/O 口相连，当 P1.6 为高电平时，LED 亮，R 为限流电阻，如果外接上拉电阻为 10kΩ，VCC 电源为 5V，LED 的工作电压为 2V，则其工作电流为

$$I = \frac{5-2}{10+510} \approx 0.29\text{mA}$$

2．定时器和计数器的概念

单片机中的定时器和计数器其实是同一个电子元件，只不过计数器记录的是单片机外部发生的事件（外部脉冲），而定时器的计数源来自单片机内部，也就是说，定时器和计数器都是计数器，只不过计数源不同。

单片机定时器的计数源可以由外部晶振或内部晶振提供。对于 51 单片机来讲，如果使用频率为 12MHz 的内部晶振，那么定时器的计数源为 1MHz（1μs）。

3. 定时器和计数器的内部结构

STC15W 单片机内部有 5 个 16 位定时/计数器：T0、T1、T2、T3 及 T4。它们都具有计数和定时两种工作方式。

STC15W 单片机与 51 单片机相同，其定时/计数器的内部结构如图 3-1-5 所示。

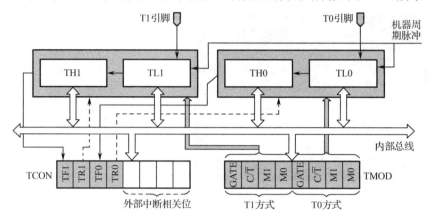

图 3-1-5 定时/计数器的内部结构

单片机的 T0 和 T1 都由两个特殊功能寄存器组成，T0 由特殊功能寄存器 TH0 和 TL0 构成，T1 由 TH1 和 TL1 构成。

作为定时器使用时，单片机片内振荡器输出 12 分频后的脉冲个数作为定时器计数值，即每个机器周期使 T0/T1 的寄存器值自动加 1，直到溢出，溢出后继续从 0 开始循环计数。

作为计数器使用时，通过引脚 T0（P3.4）或 T1（P3.5）对外部脉冲信号进行计数，当输入的外部脉冲信号从高电平向低电平跳变时，计数器的值就自动加 1。

由此可知，不论是定时器还是计数器工作方式，T0 和 T1 均不占用 CPU 的时间，除非 T0 和 T1 溢出，才引起 CPU 中断，转而执行中断处理程序。所以说，定时/计数器是单片机中效率高且工作灵活的部件。

4. 定时/计数器的工作方式

工作方式寄存器 TMOD 用于设置定时/计数器的工作方式，低 4 位用于 T0，高 4 位用于 T1，见表 3-1-1。

表 3-1-1 工作方式寄存器 TMOD

位	7	6	5	4	3	2	1	0	
字节地址：89H	GATE	$C/\overline{T}$	M1	M0	GATE	$C/\overline{T}$	M1	M0	TMOD

（1）GATE：门控位。

GATE 为 0，TR0 或 TR1 为 1 时，可以启动定时/计数器工作。GATA 为 1，TR0 或 TR1 为 1，同时外部中断引脚为高电平，才能启动定时/计数器工作。

（2）$C/\overline{T}$：方式选择位。

$C/\overline{T}$ 为 0 时，单片机工作在定时方式；$C/\overline{T}$ 为 1 时，单片机工作在计数方式。

（3）M1、M0：工作方式选择。

M1、M0 共有四种组合，每种组合对应的功能不同，见表 3-1-2。

表 3-1-2　定时/计数器的四种工作方式

M1M0	工 作 方 式	说　明
00	方式 0	13 位定时/计数器
01	方式 1	16 位定时/计数器
10	方式 2	8 位自动重装定时/计数器
11	方式 3	T0 分成两个独立的 8 位定时/计数器,T1 在此方式下停止计数

1) 方式 0

方式 0 的内部结构如图 3-1-6 所示。

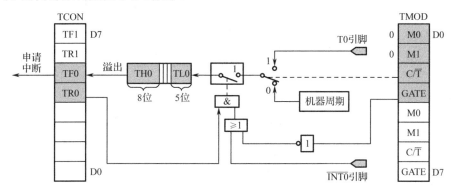

图 3-1-6　方式 0 的内部结构

由 TL0 的低 5 位和 TH0 的 8 位共同构成一个 13 位定时/计数器,定时/计数器启动后,定时或计数脉冲个数加到 TL0 上,从预先设置的初值累加,不断递增;当 TL0 计满后,向 TH0 进位,直到计数值溢出;溢出时,中断标记 TF0 置 1;如果要继续定时/计数,需要重置初值,并把中断标记 TF0 清 0。

方式 0 是出于兼容性考虑而设计的,一般不建议使用。

2) 方式 1

方式 1 的内部结构如图 3-1-7 所示。

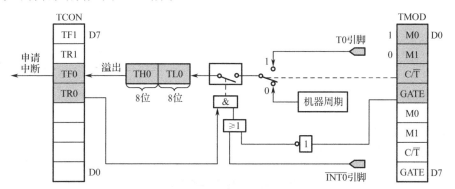

图 3-1-7　方式 1 的内部结构

方式 1 与方式 0 几乎完全相同,唯一的区别就是方式 1 中的寄存器 TH0 和 TL0 共同构成的是一个 16 位定时/计数器,因此与方式 0 相比,方式 1 的定时/计数范围更大。

3）方式 2

当定时/计数器的寄存器 TH0/TL0 的值溢出时，定时/计数器会自动把寄存器 TH0/TL0 清 0，以重新开始操作。如果溢出时不做任何处理，那么在第二轮定时/计数时就从 0 开始定时/计数，这并不是我们想要的，所以要保证每次溢出之后，重新装入预置数。

方式 2 的内部结构如图 3-1-8 所示。

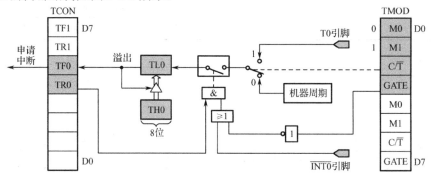

图 3-1-8　方式 2 的内部结构

在方式 2 中，重新装入预置数的操作不需要人工干预，会自动重装。自动重装的预置数存放在 TH0 中，只留下 TL0 参与定时/计数操作。

方式 2 常用于波特率发生器（串口通信），由定时器为串口通信提供时间基准。

4）方式 3

如果把定时/计数器 T0 设置为方式 3，那么 TL0 和 TH0 将被分割成两个相互独立的 8 位定时/计数器。定时/计数器 T1 没有方式 3。

方式 3 的内部结构如图 3-1-9 所示。

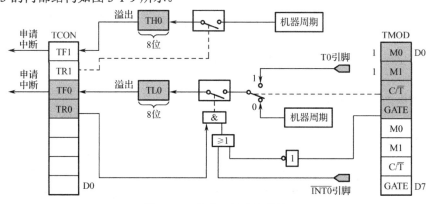

图 3-1-9　方式 3 的内部结构

5．定时器中断的相关寄存器

1）中断允许寄存器 IE（表 3-1-3）

表 3-1-3　中断允许寄存器 IE

位	7	6	5	4	3	2	1	0
字节地址：A8H	EA			ES	ET1	EX1	ET0	EX0	IE

ET0：定时/计数器 T0 中断允许位。ET0=1 时，中断允许；ET0=0 时，中断屏蔽。

ET1：定时/计数器 T1 中断允许位。ET1=1 时，中断允许；ET1=0 时，中断屏蔽。

EA：CPU 中断允许（总允许）位。EA=1 时，总中断打开；EA=0 时，总中断关闭。

2）中断标志寄存器 TCON（表 3-1-4）

表 3-1-4　中断标志寄存器 TCON

位	7	6	5	4	3	2	1	0	
字节地址：88H	TF1	TR1	TF0	TR0	IE1	IT1	IE0	IT0	TCON

TF0：定时/计数器 T0 溢出中断请求标志位。

TF1：定时/计数器 T1 溢出中断请求标志位。

中断产生后 TF1 由硬件自动清 0。T1 工作时，CPU 可随时查询 TF1 的状态，所以 TF1 可用作查询测试的标志。TF1 也可以用软件置 1 或清 0，同硬件置 1 或清 0 的效果一样。

TR1：T1 运行控制位。TR1 置 1 时，T1 开始工作；TR1 置 0 时，T1 停止工作。TR1 由软件置 1 或清 0，所以用软件可控制定时/计数器的启动与停止。

TR0：T0 运行控制位，其功能与 TR1 类似。

3）中断优先级控制寄存器 IP（表 3-1-5）

表 3-1-5　中断优先级控制寄存器 IP

位	7	6	5	4	3	2	1	0	
字节地址：B7H			PT2	PS	PT1	PX1	PT0	PX0	IPH

PT0：定时/计数器 T0 优先级设定位。

PT1：定时/计数器 T1 优先级设定位。

PT2：定时/计数器 T2 优先级设定位。

同一优先级的中断申请不止一个时，则存在中断优先权排队问题。中断的自然优先级见表 3-1-6。

表 3-1-6　中断的自然优先级

中　断　源	中断标志	中断服务程序入口	优　先　级
外部中断 0（$\overline{INT0}$）	IE0	0003H	
定时/计数器 0（T0）	TF0	000BH	高
外部中断 1（$\overline{INT1}$）	IE1	0013H	↓
定时/计数器 1（T1）	TF1	001BH	低
串行口	RI 或 TI	0023H	

4）中断响应的条件

（1）中断源有中断请求。

（2）此中断源的中断允许位为 1。

（3）总中断打开（EA=1）。

5）辅助寄存器 AUXR（表 3-1-7）

表 3-1-7　辅助寄存器 AUXR

SFR name	Address	bit	B7	B6	B5	B4	B3	B2	B1	B0
AUXR	8EH	name	T0x12	T1x12	UART_M0x6	T2R	T2_C/$\overline{\text{T}}$	T2x12	EXTRAM	S1ST2

T0x12：定时器 0 速度控制位。

T0x12=0 时，定时器 0 采用传统 8051 的速度，12 分频。

T0x12=1 时，定时器 0 采用的速度是传统 8051 的 12 倍，不分频。

T1x12：定时器 1 速度控制位。

T1x12=0 时，定时器 1 采用传统 8051 的速度，12 分频。

T1x12=1 时，定时器 1 采用的速度是传统 8051 的 12 倍，不分频。

6．定时器赋初值的方法

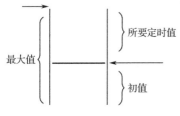

图 3-1-10　单片机的初值

对于 16 位单片机来讲，其定时器最大可计数为 2 的 16 次方，即 65536。由于单片机的定时器是递加式的，所以最大值减去所要定时值就是初值，如图 3-1-10 所示。

本任务所用单片机定时器是 16 位的，采用定时器 0，此时最大计数值为 65536。晶振选择 12MHz，单片机的一个机器周期为 1μs，定时器 0 工作在方式 1 时最大定时为 65.536ms。

定时器的定时时间 $T = 65536 - X$，单位为 μs。

定时器初值 $X = 65536 - T$。

假设定时时间 $T = 50\text{ms} = 50000\mu\text{s}$。

$$2^{16} - T \times \frac{f_{\text{osc}}}{12} = 65536 - 50 \times 10^{-3} \times 11.0592 \times 10^{6} \div 12 = 65536 - 46080 = 19456 = 0\text{x}4\text{C}00$$

所以定时器的初值为 TH0 = 0x4C，TL0 = 0x00。

7．定时/计数器流程图

定时/计数器流程图如图 3-1-11 所示。

第一步：设置工作方式，将控制字写入 TMOD 寄存器（注意：TMOD 不能进行位寻址）。

第二步：计算初值，并将其写入 TL0、TH0 寄存器。

第三步：置位 ET0 和 EA 以开启定时/计数器中断。

第四步：置位 TR0 以启动定时/计数器。

8．程序流程图

本任务通过定时器中断产生 1s 延时，其程序流程图如图 3-1-12 所示。程序开始后，先对定时器进行初始化，1s 后 LED 亮，延时一段时间后 LED 灭。

9．主要程序分析

void Timer0_Init()为定时器初始化函数。STC 单片机默认为 12 分频，TMOD=0x01 时，定时器工作于方式 1（16 位定时器），此时最大定时时间为 65536μs。TH0 和 TL0 为 0，即采用定时器最大定时时间。TR0 = 1 表示启动定时器 0。

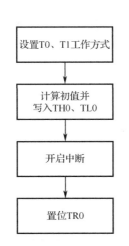

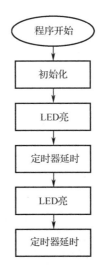

图 3-1-11 定时/计数器流程图 图 3-1-12 程序流程图

```
1.    void Timer0_Init()        //初始化定时器
2.    {   TMOD = 0x01;
3.        TH0 = 0;
4.        TL0 = 0;              //定时器的计数起点为 0
5.        TR0 = 1;             //启动定时器 0
6.    }
```

void Timer0_Over()为定时器溢出函数。当定时到 65ms 时，定时器溢出。TF0=0，溢出后定时器标志位清 0。变量 c 此时自加 1。当变量 c 计数 14 次时，大概定时到 1s，LED 闪烁。为了使定时器一直工作，必须进行标志位清 0。

```
1.    void Timer0_Over()       //处理定时器 0 的溢出事件
2.    {
3.    if(TF0 == 1)             //检测定时器 0 是否溢出
4.        {
5.            TF0=0;
6.            c++;
7.            if(c==14)        //71ms 乘以 14 为 994ms，约 1s
8.            {
9.                c=0;
10.               led=!led;
11.           }
12.       }
13.   }
```

测一测

（1）LED 是一种能够将_____转化为_____的半导体器件。通常 LED 的工作电压是_____V，工作电流是_____mA。

（2）STC15W 单片机内部的 5 个 16 位定时/计数器分别是_____、_____、_____、_____和_____。

（3）定时器有 4 种工作方式，分别是_____、_____、_____和_____。

想一想

STC15W 单片机中的定时器和计数器是同一个电子元件,它们的区别是什么?

 任务实施

 设备与资源准备

任务实施前必须先准备好以下设备和资源。

序　号	设备/资源名称	数　量	是否准备到位
1	计算机	1	
2	NEWLab 实训平台	1	
3	单片机开发模块	1	
4	继电器模块	1	
5	LED	1	

任务实施导航

本任务实施过程分成以下 5 步。

1．搭建硬件环境

本任务用到单片机开发模块、继电器模块和灯座。按照图 3-1-13 进行硬件连接。单片机开发模块的 P1.6 与继电器模块的 J2 相连。继电器模块的 J9 接 LED 的"+"端。继电器模块的 J8 接"VCC-12V"。

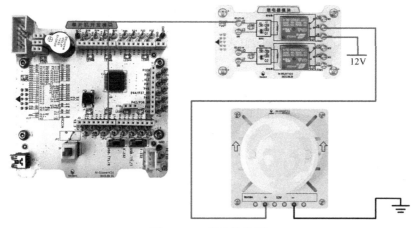

图 3-1-13　硬件接线图

2．建立工程

在 Keil 软件中新建工程。

3．编写程序

```
1.    #include<stc15w1k24s.h>
2.    #define uchar  unsigned char
```

```
3.    #define uint unsigned int
4.    sbit  led = P1^6;
5.    uint code table[10]={0xc0,0xf9,0xa4,0xb0,0x99,0x92,0x82,0xf8,0x80,0x90};
6.    uint countt=0;
7.    void Timer0_Init()          //初始化定时器
8.    {
9.        TMOD = 0x01;
10.       TH0 = 0;
11.       TL0 = 0;                //定时器的计数起点为 0
12.       TR0 = 1;                //启动定时器 0
13.   }
14.   void Timer0_Over()          //处理定时器 0 的溢出事件
15.   {
16.       static char c;
17.       if(TF0 == 1)            //检测定时器 0 是否溢出
18.       {
19.           TF0=0;
20.           c++;
21.           if(c==14)           //71ms 乘以 14 为 994ms，约 1s
22.           {
23.               c=0;
24.               led=!led;
25.               countt++;
26.           }
27.       }
28.   }
29.   void delayms(uint xx)
30.   {
31.       uint ii,jj;
32.       for(ii=0;ii<xx;ii++)
33.       for(jj=0;jj<120;jj++);
34.   }
35.   void main()
36.   {
37.       Timer0_Init();          //初始化定时器 0
38.       while(1)
39.       {
40.           Timer0_Over();
41.       }
42.   }
```

4．程序编译、下载、测试

进行程序编译，编译无误后，通过 ISP 进行下载。

5．查看结果

调试无误后，观看测试结果，LED 应每隔一秒闪烁一次。

任务检查与评价

详见本书配套资源。

任务小结

通过对单片机定时器相关知识的学习，熟练掌握单片机定时器中断编程原理，可以编写程序，实现定时器中断控制 LED 闪烁的功能。

任务拓展

参考本任务相关理论知识，自行设计代码，实现如下功能：
（1）LED 每隔两秒闪烁一次。
（2）通过定时器其他工作方式完成本任务要求的功能。

3.2 任务 2 实现简易计时器功能

职业能力目标

● 能根据任务要求，快速查阅相关资料，掌握数码管的基本原理。
● 能根据功能需求，熟练掌握单片机定时器中断的编程方法，通过定时器实现一位数码管计时功能。

任务描述与要求

　　任务描述：XX 公司根据市场需求调研结果，决定研发一款新产品——简易计时器，要求实现计时功能。该新产品分两期开发，研发部根据开发计划，现在要进行第二期开发，第二期开发计划要求使用 STC 单片机编程实现一位数码管每隔一秒显示一个数字，完成 10 秒内的计时功能。
　　任务要求：
● 熟练掌握单片机定时器的编程方法。
● 创建工程，编写单片机程序，完成一位数码管计时功能。

任务分析与计划

根据所学相关知识，完成本任务的实施计划。

项目名称	简易计时器
任务名称	实现简易计时器功能
计划方式	分组完成、团队合作、分析调研
计划要求	1. 能够按照连接图施工,完成各模块之间的连接 2. 能搭建开发环境 3. 能创建工作区和项目,完成代码编写 4. 能完成定时器控制一位数码管实现计时功能的代码调试和测试 5. 能分析项目的执行结果,归纳所学的知识与技能
序　号	主　要　步　骤
1	
2	
3	
4	
5	

 知识储备

1. 数码管的显示原理

数码管是一种由多个发光二极管封装在一起组成的显示器件,颜色有红、绿、蓝、黄等几种。常见的有一位数码管、三位一体数码管,如图 3-2-1 所示。

（a）一位数码管　　　　　　　　　　（b）三位一体数码管

图 3-2-1　常见数码管

数码管通过点亮内部的发光二极管来显示数值。数码管根据接法不同分为共阴极数码管和共阳极数码管。

共阴极数码管将 8 个阴极连接在一起作为公共端,共阴极数码管在公共引脚加低电平,在需要点亮的笔画引脚加高电平,如图 3-2-2 所示。

共阳极数码管将 8 个阳极连接在一起组成公共端,共阳极数码管在公共引脚加高电平,在需要点亮的笔画引脚加低电平,如图 3-2-3 所示。

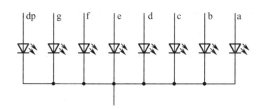

图 3-2-2　共阴极数码管　　　　　　　　　　图 3-2-3　共阳极数码管

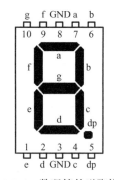

图 3-2-4　数码管的引脚排列

这些数码管的引线已在内部连接完成，只需要引出笔画和公共引脚，共阴极数码管和共阳极数码管的引脚排列相同，如图 3-2-4 所示。

使用数码管时，为了显示数字或符号，需要提供代码，这些代码通过各段的亮、灭来显示不同字型，称为段码。

7 段发光二极管，再加上一个小数点位，共计 8 段。因此，段码正好一字节，各段与字节中各位的对应关系见表 3-2-1。字符与段码对应表见表 3-2-2。

表 3-2-1　各段与字节中各位的对应关系

位	D7	D6	D5	D4	D3	D2	D1	D0
段	dp	g	f	e	d	c	b	a

表 3-2-2　字符与段码对应表

显示字符	共阳极段码	共阴极段码	显示字符	共阳极段码	共阴极段码
0	C0H	3FH	C	C6H	39H
1	F9H	06H	D	A1H	5EH
2	A4H	5BH	E	86H	79H
3	B0H	4FH	F	8EH	71H
4	99H	66H	P	8CH	73H
5	92H	6DH	U	C1H	3EH
6	82H	7DH	r	CEH	31H
7	F8H	07H	Y	91H	6EH
8	80H	7FH	H	89H	76H
9	90H	6FH	L	C7H	38H
A	88H	77H	全亮	00H	FFH
B	83H	7CH	全灭	FFH	00H

2. 数码管的静态显示驱动电路

多个数码管要正常显示，须使用驱动电路驱动每个数码管，从而显示数值或字符，数码管驱动方式可以分为静态和动态两类。

静态驱动也称直流驱动，是指每个数码管的每个段码都由单片机的 I/O 口进行驱动，或者使用如 BCD 码二/十进制转换器进行驱动。

静态驱动的优点是编程简单，显示亮度高，缺点是占用 I/O 口多。例如，驱动 5 个数码管，静态显示需要 5×8=40 个 I/O 口来驱动，所以实际应用时通常需要增加段译码驱动器（如 BCD 码二/十进制转换器）进行驱动，这增大了硬件电路的复杂性。

3. 数组的基本概念

数组是具有相同数据类型的有序数据的组合，数组定义后满足的条件有：具有相同的数据类型、具有相同的名字、在存储器中连续存放。

1）数组的声明

一维数组的声明格式如下：

数据类型 数组名 [数组长度];

（1）数组的数据类型：该数组的每个元素的类型，即一个数组中的元素具有相同的数据类型。

（2）数组名的声明要符合 C 语言中标识符的声明要求，只能由字母、数字、下画线这三种符号组成，且第一个字符只能是字母或下画线。

（3）方括号中的数组长度是一个常量或常量表达式，并且必须是正整数。

2）数组的初始化

数组在进行声明的同时可以进行初始化操作，格式如下：

数据类型 数组名 [数组长度] = {初值列表};

例如，本任务中驱动数码管的代码：

uint code table[10]={0xc0,0xf9,0xa4,0xb0,0x99,0x92,0x82,0xf8,0x80,0x90};

从以上代码可以看出，初值列表中的数据之间要用逗号隔开，系统为数组分配连续的存储单元，数组元素的相对次序由下标来决定。

4. 数码管类型的检测

将数字式万用表置于二极管挡，红表笔（为正）接段码，黑表笔（为负）接公共端，如果段码亮说明是共阴极数码管，反之是共阳极数码管，如图 3-2-5 所示。

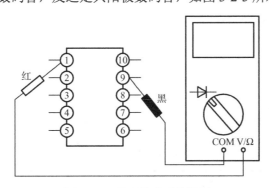

图 3-2-5　数码管类型的检测

5. LED 段码数据生成器

LED 段码数据生成器可以生成共阴极或共阳极数码管的段码，也可生成自定义字符的段码（如"HELLO"），下面介绍这款软件的使用方法，图 3-2-6 是 LED 段码数据生成器的界面。

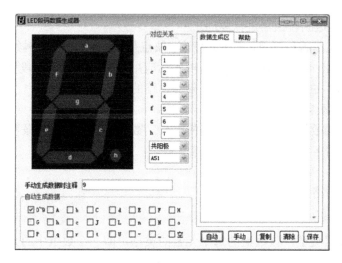

图 3-2-6 LED 段码数据生成器的界面

自动方式：根据"数据生成区"的内容自动连续生成段码，使用时先在"数据生成区"中选择要生成的字符，然后单击"自动"按钮。

手动方式：直接用鼠标修改图示区的内容，然后单击"手动"按钮。这种方式每次只能生成一个数据，可用这种方式生成一些不规则的图形。本任务使用的数码管为共阴极数码管。

测一测

（1）数码管是由多个_____封装在一起组成的_____字型的显示器件。根据内部接法不同可以分为_____和_____两类。

（2）数码管驱动方式可分为_____和_____两类。

（3）数组是具有相同_____的有序数据的组合。

（4）数组名只能由_____、_____、_____这三种符号组成，且第一个字符只能是_____或者_____。

想一想

（1）简述数码管两种驱动方式的区别及优、缺点。

（2）数组定义需要满足的条件有哪些？

 任务实施

 设备与资源准备

任务实施前必须先准备好以下设备和资源。

序　号	设备/资源名称	数　量	是否准备到位
1	计算机	1	
2	NEWLab 实训平台	1	
3	单片机开发模块	1	
4	显示模块	1	

任务实施导航

本任务实施过程分成以下 5 步。

1. 搭建硬件环境

静态显示硬件连接如图 3-2-7 所示，显示模块的 J7 为数码管的段码接口，接单片机的 P0，其中 P0.0 接 A，P0.1 接 B，P0.2 接 C，P0.3 接 D，P0.4 接 E，P0.5 接 F，P0.6 接 G，P0.7 接 H；显示模块的第一个数码管的位选端 S1 接电源 VCC。

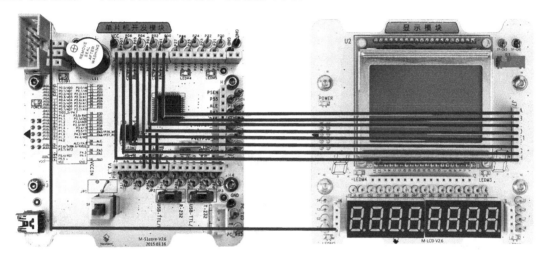

图 3-2-7　静态显示硬件连接

2. 建立工程

新建工程。

3. 编写程序

```
1.    #include<stc15w1k24s.h>
2.    #define uchar unsigned char
3.    #define uint unsigned int
4.    sbit led = P1^7;
5.    uint code table[10]={0xc0,0xf9,0xa4,0xb0,0x99,0x92,0x82,0xf8,0x80,0x90};
6.    uint countt=0;
7.    void Timer0_Init()              //初始化定时器
8.    {
9.        TMOD = 0x01;
10.       TH0 = 0;
11.       TL0 = 0;                    //定时器的计数起点为 0
12.       TR0 = 1;                    //启动定时器 0
13.    }
14.   void Timer0_Over()             //处理定时器 0 的溢出事件
15.    {
16.       static char c;
17.       if(TF0 == 1)                //检测定时器 0 是否溢出
18.           {
```

```
19.              TF0=0;
20.              c++;
21.              if(c==14)          //71ms 乘以 14 为 994ms，约 1s
22.              {
23.                  c=0;
24.                  led=!led;
25.                  countt++;
26.              }
27.          }
28. }
29.
30. void delayms(uint xx)
31. {
32.     uint ii,jj;
33.     for(ii=0;ii<xx;ii++)
34.     for(jj=0;jj<120;jj++);
35. }
36. void display(uint *x)          //数码管显示函数
37. {
38.     P0=table[*x];
39.     delayms(10);
40. }
41. void main()
42. {
43.     Timer0_Init();             //初始化定时器 0
44.     while(1)
45.     {
46.         Timer0_Over();
47.         if(countt==10)
48.         countt=0;
49.         display(&countt);
50.     }
51. }
```

4．程序编译和下载

进行程序编译，编译无误后，通过 ISP 进行下载。

5．查看结果

在数码管上查看结果。

任务检查与评价

详见本书配套资源。

任务小结

通过对单片机定时器、数码管静态驱动等相关知识的学习，熟练掌握单片机定时器中断编程原理；能完成程序编写，实现定时器中断控制数码管每隔一秒显示 1～9 的功能。

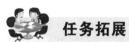

任务拓展

参考本任务相关理论知识，自行设计代码，实现如下功能：

每隔两秒在数码管上显示当前秒数，如过两秒显示 2，过四秒显示 4。

项目 四 数显式电子表

故宫的太和殿前摆放着一个很大的日晷，如图 4-0-1（a）所示。日晷有什么用途呢？

日晷是一种计时器，在我国春秋时期就已开始使用。在一块特制的石板或木板中央垂直立一根细柱，把石板或木板水平放置，再画上刻度，就形成了一个日晷，白天看细柱投影的刻度就可知道时间。

在古代，人们通过日晷来记录时间。随着电子技术的发展，如今人们选择数字钟（电子表）来记录时间。

数字钟是一种用数字显示秒、分、时的计时装置，与传统的机械钟相比，它具有走时准确、显示直观、无机械传动装置等优点，因而得到了广泛应用。数显式电子表如图 4-0-1（b）所示。

（a）日晷　　　　　　　　（b）数显式电子表

图 4-0-1　计时器

本项目通过单片机开发模块来模拟数显式电子表，其接线图如图 4-0-2 所示。

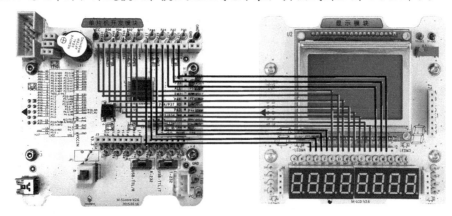

图 4-0-2　数显式电子表接线图

4.1 任务 1 定时器控制数码管显示

 职业能力目标

能根据任务要求，认真查阅相关资料，准确掌握单片机定时器的工作原理，能够理解数码管动态驱动显示方法。

能根据功能需求，熟练编写单片机定时器程序，完成单片机控制数码管显示的功能。

 任务描述与要求

任务描述：XX 公司根据市场需求调研结果，决定研发一款新产品——数显式电子表，要求以单片机为控制器，利用单片机定时器完成以秒为单位的计时，并通过 8 位数码管进行显示。该产品分两期开发，研发部根据开发计划，现在要进行第一期开发，第一期开发计划要求使用单片机定时器完成 8 位数码管显示"01234567"8 个数字的功能。

任务要求：

● 掌握单片机定时器的编程原理和数码管动态显示原理。

● 编程实现单片机计时、数码管动态显示的功能。

 任务分析与计划

根据所学相关知识，完成本任务的实施计划。

项目名称	数显式电子表		
任务名称	定时器控制数码管显示		
计划方式	分组完成、团队合作、分析调研		
计划要求	1. 能够按照连接图施工，完成各模块之间的连接		
	2. 能搭建开发环境		
	3. 能创建工作区和项目，完成代码编写		
	4. 能完成定时器控制数码管显示的代码调试和测试		
	5. 能分析项目的执行结果，归纳所学的知识与技能		
序　　号	主 要 步 骤		
1			
2			
3			
4			
5			

1．数码管的动态显示驱动电路

除静态显示外，数码管还可以采用动态显示。

数码管动态显示是单片机中应用最为广泛的一种显示方式。动态显示是将所有数码管的8个同名端连在一起，在每个数码管的公共端COM增加位选通控制电路，位选通可以由各自独立的I/O口控制。当单片机输出段码时，所有数码管都接收到相同的段码，但究竟是哪个数码管显示，取决于单片机对位选通电路的控制（图4-1-1）。因此，只要将需要显示的数码管的位选通控制打开，数码管就会点亮，即位选（位码）控制哪个数码管显示，段选（段码）控制数码管显示的内容。

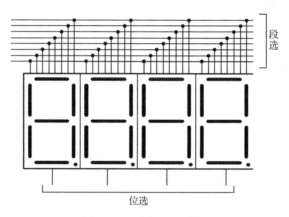

图 4-1-1　动态显示原理

通过分时控制各个数码管的COM端，能使各个数码管轮流受控显示。

在轮流显示过程中，数码管的点亮时间为1～2ms，由于人的视觉暂留现象及发光二极管的余辉效应，尽管实际上各数码管并非同时点亮，但只要扫描的速度足够快，就能稳定地显示内容，不会有闪烁感，从而能够节省大量的I/O口。

2．程序流程图

本任务要求在8个数码管上显示"01234567"，第一个数码管显示"1"，第二个数码管显示"2"，以此类推。

根据数码管动态显示的原理可知，在第一个数码管显示"1"的时候，其他数码管不亮。在第二个数码管显示"2"的时候，其他数码管不亮。由于余辉效应，在人看来这8个数码管是同时亮的。因此，可以采用定时器来进行延时，单片机在数码管动态显示期间可处理其他事务。

本任务通过程序设计一个2ms的定时中断，当定时中断到来时，点亮8个数码管的其中一个，每个数码管的显示时间为2ms，进入8次定时中断才能显示完8个数码管。任务中用到的2ms定时器可以采用定时器0的工作方式1来实现。定时动态显示的程序流程图如图4-1-2所示。

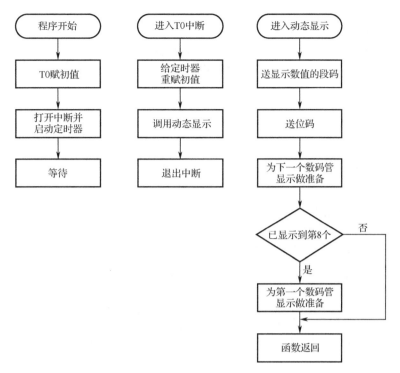

图 4-1-2 定时动态显示的程序流程图

3. STC-ISP 中定时器的使用

根据需求对"系统频率""定时长度""误差""选择定时器""定时器模式"和"定时器时钟"进行设置，然后单击"生成 C 代码"按钮，会生成相应时长的定时器代码（图 4-1-3）。

图 4-1-3 定时器代码的生成

4. 关键程序讲解

段码存放在无符号数 char 型数组 LEDdata[10]中。定义中的 code 代表把定义的数组存储到 Flash 存储器中，如果定义 unsigned char LEDdata[10]，则表示把定义的数组存储到 RAM 中。段码"0xC0"代表数字 0，以此类推。

```
1.   unsigned code LEDdata[10]={0xC0, 0xF9, 0xA4, 0xB0, 0x99,0x92, 0x82, 0xF8, 0x80, 0x90, };
```

定时器初始化，具体步骤如下。

```
1.    TMOD=0x01;              //设置定时器 0 为工作方式 1
2.    TH0=0xF8;               //11.0592MHz 晶振
3.    TL0=0xCD;
4.    EA=1;                   //开总中断
5.    ET0=1;                  //开定时器 0 中断
6.    TR0=1;                  //启动定时器 0
```

void timer() interrupt 1 为定时器中断函数。首先为定时器重装初值，使定时器每隔 2ms 中断溢出一次，然后由中断函数调用动态显示函数。

```
1.    void timer() interrupt 1
2.    {
3.        TH0=0xF8;           //重装初值
4.        TL0=0xCD;
5.        FndDynaDis();       //调用动态显示函数
6.    }
```

void FndDynaDis()为数码管动态显示函数，P0 口输出为段码，P2 口输出为位码，bitCode 用于存储位码，每显示一次段码，位码左移 1 位，即从第 1 个数码管开始显示，一直到第 8 个数码管显示完毕。

```
1.    void FndDynaDis()
2.    {
3.        static unsigned char i=1, bitCode=1;
4.        P0=LEDdata[i];         //送段码
5.        P2=bitCode;
6.        i++;                   //为下一个数码管显示做准备
7.        bitCode<<=1;
8.            if(i>=9)           //是否显示到第 8 个
9.        {
10.            i=1;              //为第 1 个数码管显示做准备
11.            bitCode=1;
12.        }
13.    }
```

测一测

数码管的动态显示是利用人眼的_____现象及发光二极管的_____实现的。

想一想

说一说数码管动态显示的工作过程。

任务实施

  设备与资源准备

任务实施前必须先准备好以下设备和资源。

序　号	设备/资源名称	数　量	是否准备到位
1	计算机	1	
2	NEWLab 实训平台	1	
3	单片机开发模块	1	
4	显示模块	1	

任务实施导航

本任务实施过程分成以下 5 步。

1．搭建硬件环境

显示模块的 J7 为数码管的段码接口，接 P0 口，其中 J7 的"H"为最高位；显示模块的 J4 和 J6 为数码管的位码接口，接 P2 口，其中 S1 为第一个数码管的位选端。P2.0 接 S1，P2.1 接 S2，P2.2 接 S3，P2.3 接 S4，P2.4 接 S5，P2.5 接 S6，P2.6 接 S7，P2.7 接 S8。数码管动态显示硬件连接如图 4-1-4 所示。

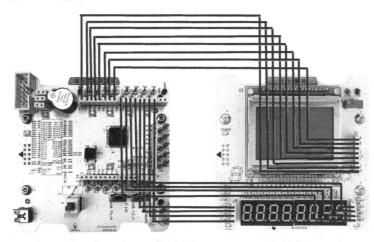

图 4-1-4　数码管动态显示硬件连接

2．建立工程

新建工程。

3．编写定时器中断程序

```
14.  #include"reg51.h"              //头文件
15.  unsigned code LEDdata[10]=     //共阳极数码管 0～9 的段码
16.  {
17.      0xC0, 0xF9, 0xA4, 0xB0, 0x99,
18.      0x92, 0x82, 0xF8, 0x80, 0x90,
19.  };
20.    void main()
21.  {
22.      TMOD=0x01;                 //设置定时器 0 采用工作方式 1
23.      TH0=0xF8;                  //11.0592MHz 晶振
24.      TL0=0xCD;
```

```
25.         EA=1;                          //开总中断
26.         ET0=1;                         //开定时器 0 中断
27.         TR0=1;                         //启动定时器 0
28.         while(1){};                    //程序停止在这里等待中断发生
29.    }
30.    void FndDynaDis()
31.    {
32.         static unsigned char i=0, bitCode=1;
33.         P0=LEDdata[i];                 //送段码
34.         P2=bitCode;
35.         i++;                           //为下一个数码管显示做准备
36.         bitCode<<=1;
37.         if(i>=8)                       //是否显示到第 8 个
38.         {
39.             i=0;                       //为第 1 个数码管显示做准备
40.             bitCode=1;
41.         }
42.    }
43.    void timer() interrupt 1
44.    {
45.         TH0=0xF8;                      //重装初值
46.         TL0=0xCD;
47.         FndDynaDis();                  //调用动态显示函数
48.    }
```

4．程序编译、下载、测试

进行程序编译，编译无误后，通过 ISP 进行下载。

5．查看结果

在数码管上查看结果（图 4-1-5）。

图 4-1-5　数码管显示结果

 **任务检查与评价**

详见本书配套资源。

 **任务小结**

通过对单片机定时器、数码管动态显示相关知识的学习，熟练掌握单片机定时器中断程序编写原理，并能完成程序编写，最终实现单片机定时器中断控制数码管显示的功能。

任务拓展

参考本任务相关理论知识，自行设计代码，实现如下功能：
通过定时器和数码管完成电子表的功能，8 位数码管与时、分、秒相对应。

4.2 任务 2 实现数显式电子表功能

职业能力目标

● 能根据任务要求，快速查阅相关资料，了解液晶显示模块 12864 的基本原理。
● 能根据功能需求，熟练掌握单片机定时器中断的编程方法，通过定时器完成电子表的功能。

任务描述与要求

任务描述：XX 公司根据市场需求调研结果，决定研发一款新产品——数显式电子表，要求以单片机为控制器，利用单片机定时器完成以秒为单位计时并显示的功能。该新产品分两期开发，研发部根据开发计划，现在要进行第二期开发，第二期开发计划要求设计一款利用 STC 单片机控制液晶显示模块 12864 显示的电子表。

任务要求：
● 掌握单片机定时器和液晶显示模块 12864 的编程原理。
● 能编写单片机定时器程序完成电子表功能。

任务分析与计划

根据所学相关知识，完成本任务的实施计划。

项目名称	数显式电子表
任务名称	实现数显式电子表功能
计划方式	分组完成、团队合作、分析调研
计划要求	1. 能够按照连接图施工，完成各模块之间的连接
	2. 能搭建开发环境
	3. 能创建工作区和项目，完成代码编写
	4. 能完成数显式电子表的代码调试和测试
	5. 能分析项目的执行结果，归纳所学的知识与技能

续表

序　号	主 要 步 骤
1	
2	
3	
4	
5	

 知识储备

1．液晶显示概述

在单片机系统中，显示设备的作用是显示程序的运行状态和结果。它是单片机系统的主要部件之一。显示设备种类繁多，有 LED、数码管、LCD 和 CRT 等。

液晶显示器（Liquid Crystal Display，LCD）是一种被动式显示器，即液晶本身并不发光，利用液晶经过处理后能改变光线通过方向的特性，达到显示的目的。当前市场上液晶显示器种类繁多，按照排列形式可分为笔段型、字符型和点阵图形型。在单片机应用系统中，点阵图形型液晶显示模块使用得最多。

点阵图形型液晶显示模块由若干点阵组成，每个点阵显示一个字符，通过 PCB 把 LCD 控制器、驱动器、RAM、ROM 和 LCD 连接在一起。

常用的液晶显示模块有 1602、12864 和全彩液晶。

2．液晶显示模块 12864

液晶显示模块 12864 主要由行驱动器、列驱动器及 128×64 全点阵液晶显示器组成，可显示图形，也可显示汉字。

12864 有两种型号：不带字库的 12864 和带字库的 12864。

不带字库的 12864 需要用取模软件进行取模。向 12864 送入通过取模软件得到的数据即可显示所需内容。不带字库的 12864 与单片机的接口简单，使用灵活方便。

带字库的 12864 内置汉字字符库，使用时可直接调用字库对应的代码完成显示。本书所用的液晶显示模块为不带字库的 12864，显示时需要用取模软件进行取模。

12864 实物如图 4-2-1 所示。

如图 4-2-2 所示，在 12864 的背面有三个驱动芯片（U1、U2、U3），称为控制器，主要用于控制整个液晶屏。12864 驱动芯片型号不同，对应的操作指令也不同。

图 4-2-1　12864 实物

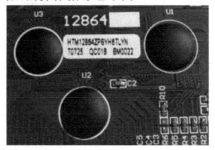
图 4-2-2　12864 背面的控制器

3. 12864 指令简介

12864 在使用时需要单片机发送指令和数据，其指令系统见表 4-2-1。

表 4-2-1 12864 指令系统

指 令 名 称	控 制 信 号		控 制 代 码							
	R/W	RS	DB7	DB6	DB5	DB4	DB3	DB2	DB1	DB0
显示开关设置	0	0	0	0	1	1	1	1	1	1/0
显示起始行设置	0	0	1	1	X	X	X	X	X	X
页地址设置	0	0	1	0	1	1	1	X	X	X
列地址设置	0	0	0	1	X	X	X	X	X	X
状态检测	1	0	BUSY	0	ON/OFF	RST	0	0	0	0
写显示数据	0	1	写 数 据							
读显示数据	1	1	读 数 据							

1）显示开关设置（表 4-2-2）

表 4-2-2 显示开关设置

CODE:	R/W	RS	DB7	DB6	DB5	DB4	DB3	DB2	DB1	DB0
	L	L	L	L	H	H	H	H	H	H/L

功能：设置屏幕显示开关。当 DB0 为高电平时，表示打开。当 DB0 为低电平时，表示关闭。R/W 表示读/写。

2）显示起始行设置（表 4-2-3）

表 4-2-3 显示起始行设置

CODE:	R/W	RS	DB7	DB6	DB5	DB4	DB3	DB2	DB1	DB0
	L	L	H	H	行地址（0~63）					

功能：执行该指令后，所设置的行将显示在屏幕的第一行。有规律地改变显示起始行，可以实现滚屏的效果。

3）页地址设置（表 4-2-4）

表 4-2-4 页地址设置

CODE:	R/W	RS	DB7	DB6	DB5	DB4	DB3	DB2	DB1	DB0
	L	L	H	L	H	H	H	页地址（0~7）		

功能：执行该指令后，如继续执行读/写指令，则显示内容将在设置的页内，直到重新设置。页地址存储在行地址计数器中，分 8 页显示，每页 8 行，共 64 行。除本指令可改变页地址外，复位信号（RST）可把页地址计数器内容清 0。

4）列地址设置（表4-2-5）

表4-2-5 列地址设置

CODE:	R/W	RS	DB7	DB6	DB5	DB4	DB3	DB2	DB1	DB0
	L	L	L	H	列地址（0～63）					

功能：列地址与页地址类似，但读/写数据对列地址有影响。列地址存储在列地址计数器中。完成页地址和列地址的设置，就确定了要显示内容的一个单元，这样单片机就可以用读/写指令读出该单元中的数据或向该单元写数据。

5）状态检测（表4-2-6）

表4-2-6 状态检测

CODE:	R/W	RS	DB7	DB6	DB5	DB4	DB3	DB2	DB1	DB0
	H	L	BF（L/H）	L	ON/OFF（L/H）	RST	L	L	L	L

功能：该指令用来查询内部控制器的状态，各标志位含义如下。

读忙信号标志位（BF）："BF"为高电平表示内部正在执行操作，"BF"为低电平表示空闲状态。

复位标志位（RST）："RST"为高电平表示正处于复位初始化状态，"RST"为低电平表示正常状态。

显示状态位（ON/OFF）："ON/OFF"为高电平表示显示关闭，"ON/OFF"为低电平表示显示打开。

6）写显示数据（表4-2-7）

表4-2-7 写显示数据

CODE:	R/W	RS	DB7	DB6	DB5	DB4	DB3	DB2	DB1	DB0
	L	H	D7	D6	D5	D4	D3	D2	D1	D0

功能：写数据到内置的显示缓存，数据D7～D0为高电平时表示显示，为低电平时表示不显示。

7）读显示数据（表4-2-8）

表4-2-8 读显示数据

CODE:	R/W	RS	DB7	DB6	DB5	DB4	DB3	DB2	DB1	DB0
	H	H	D7	D6	D5	D4	D3	D2	D1	D0

功能：从缓存读出显示数据。

读/写数据指令每执行完一次，列地址就自动加1。进行读操作之前，必须有一次空读操作，即连续进行两次读操作才能读出数据。

4. 12864 引脚说明

12864共有20个引脚，各引脚的说明见表4-2-9。

表 4-2-9　12864 的引脚说明

引 脚 号	引 脚	方 向	说 明
1	VSS	—	逻辑电源地
2	VDD	—	逻辑电源+5V
3	VO	I	调整电压，应用时接 10kΩ 电位器可调端
4	RS	I	数据/指令选择 高电平：将数据 D0~D7 送入显示 RAM 低电平：将数据 D0~D7 送入指令寄存器
5	R/W	I	读/写选择，高电平表示读数据，低电平表示写数据
6	E	I	读/写使能，高电平有效，下降沿锁定数据
7	DB0	I/O	数据输入/输出引脚
8	DB1	I/O	数据输入/输出引脚
9	DB2	I/O	数据输入/输出引脚
10	DB3	I/O	数据输入/输出引脚
11	DB4	I/O	数据输入/输出引脚
12	DB5	I/O	数据输入/输出引脚
13	DB6	I/O	数据输入/输出引脚
14	DB7	I/O	数据输入/输出引脚
15	CS1	I	片选信号，高电平时选择左半屏
16	CS2	I	片选信号，高电平时选择右半屏
17	$\overline{RET}$	I	复位信号，低电平有效
18	VEE	O	LCD 驱动，负电压输出，对地接 10kΩ 电位器
19	LEDA	—	背光电源，LED+（5V）
20	LEDK	—	背光电源，LED–（0V）

5. 12864 与单片机及 PC 的通信协议

在本项目中，单片机发送指令控制 12864，其通信协议如下。

1）通信方式

通信方式为双工串口，波特率为 9600，数据位为 8 位，停止位为 1 位，无校验位，无流控制。

2）接收数据包格式

接收数据包格式为 HEAD + LEN + MODEL + CMD + [DATA] + CHK。具体解释如下。

HEAD：数据头，固定值为 0xFE。

LEN：数据包长度，占一字节，表示从 LEN 开始到 CHK 前一字节的所有字节数。

MODEL：模块号，固定值为 0x10。

CMD：命令码。CMD 为 0x00 表示行显示，CMD 为 0x43 表示清屏，CMD 为 0x46 表示满屏，CMD 为 0x44 表示画一个点。

[DATA]：数据域。其长度可变。

CHK：效验码。

例如，单片机向 12864 发送 FE 0A 10 00 01 01 04 00 0F F0 FF E2，其中 FE 表示数据头，0A 表示数据包的长度共 10 字节，10 表示模块号，00 表示行显示，01 表示第一行，01 表示第一列，04 表示发送数据的长度为 4 字节，00～FF 表示数据，E2 表示效验码。

3）下位机回复数据包格式

下位机回复数据包格式为 HEAD + LEN + MODEL + CMD + [RLY] + CHK。具体解释如下。

HEAD、LEN、MODEL、CHK 的含义与接收数据包相同。

CMD：命令码。CMD 固定为 0x00。

[RLY]：数据域。RLY 为 0x00 表示接收成功，RLY 为其他值表示接收失败。

6．12864 驱动电路

12864 驱动电路如图 4-2-3 所示，图中三极管 Q1 构成的放大电路用于 12864 的背光驱动，可通过电位器 R3 调节屏幕的对比度。

7．软件流程图

电子表流程图如图 4-2-4 所示。程序开始后，初始化定时器、12864。定时器中断时间为10ms，循环 100 次后，刚好为 1s。此时调用显示函数显示秒、分、时。

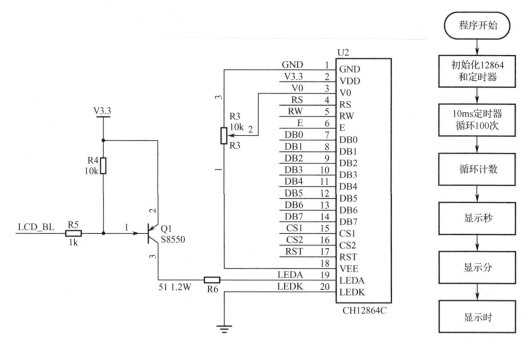

图 4-2-3　12864 驱动电路　　　　　图 4-2-4　电子表流程图

8．取模软件的使用

如图 4-2-5 所示为取模软件 PCtoLCD2002 的主界面。使用该软件生成字模前，须进行设置。单击"选项"菜单，"字模选项"界面如图 4-2-6 所示。

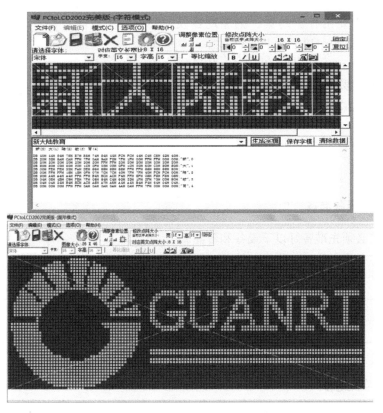

图 4-2-5 PCtoLCD2002 的主界面

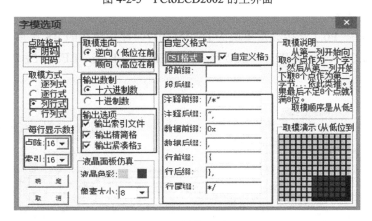

图 4-2-6 "字模选项"界面

设置完成后,在图 4-2-5 中"生成字模"按钮左边的输入框中输入所需的字符或汉字,如"新大陆教育",然后单击"生成字模"按钮,便可生成相应的字模。

如果需要生成图片字模,可单击"打开图片"按钮,选择图片,再单击"生成字模"按钮,便可生成图片的字模。

测一测

(1)在单片机系统中,显示设备种类繁多,有_____、_____、_____等。

(2)液晶显示器英文缩写为_____,液晶显示器与 PC 的通信方式为_____。

（3）12864 主要由行驱动器、列驱动器及 128×64 全点阵液晶显示器组成，可完成
_____ 显示，也可以显示 8×4 个 _____。

 想一想

（1）简述液晶显示器的显示原理。

（2）常用的 LCD 模块有哪几种？它们的区别是什么？

任务实施

设备与资源准备

任务实施前必须先准备好以下设备和资源。

序　号	设备/资源名称	数　量	是否准备到位
1	计算机	1	
2	NEWLab 实训平台	1	
3	单片机开发模块	1	
4	显示模块	1	

任务实施导航

本任务实施过程分成以下 5 步。

1．搭建硬件环境

单片机的 P0.0～P0.7 连接显示模块的 DB0～DB7。显示模块的 RS 接单片机的 P2.1，RW
接 P2.2，E 接 P2.3，CS1 接 P2.4，CS2 接 P2.5，RST 接 P2.6，LEDA 接 P2.7。硬件连接如
图 4-2-7 所示。

图 4-2-7　硬件连接

2．建立工程

新建工程。

3. 编写数显式电子表程序

1）文件夹（图 4-2-8）说明

user code 文件夹用于存放主程序。core 文件夹用于存放 12864 的驱动程序、延时程序及定时器程序等。project 文件夹用于存放工程文件及公共文件。out 文件夹用于存放 HEX 文件。

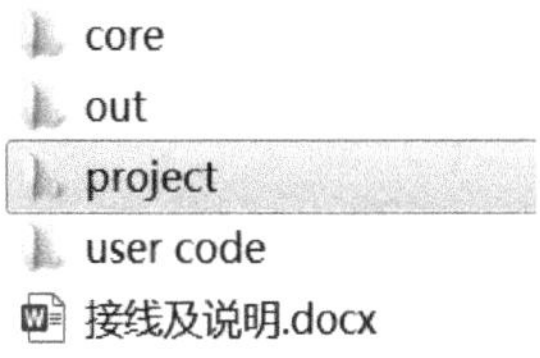

2）关键代码分析

（1）Time.c。

该文件主要负责定时器中断的相关设置。

void Timer0_Init()：定时器初始化函数。

void ISR_Init()：中断初始化函数，此部分代码可参考项目三自行编写。

void TF0_isr() interrupt 1：中断服务子程序，每 10ms 调用一次，共调用 100 次，用于完成秒计时的功能。

- core
- out
- project
- user code
- 接线及说明.docx

图 4-2-8　文件夹

```
1.    #include"stc15w1k24s.h"
2.    #include"config.h"
3.    uchar sec,min,hour;
4.    void Timer0_Init()
5.    {
6.        TMOD|=0x01;
7.        TH0=56320/256;              //计数起点为 56320，每 10ms 溢出一次
8.        TL0=56320%256;
9.        TR0=1;
10.   }
11.   void ISR_Init(){}                //初始化中断系统
12.   void TF0_isr() interrupt 1       //每 10ms 调用一次
13.   {
14.       static char c;
15.       TH0=56320/256;              //重装初值
16.       TL0=56320%256;
17.       c++;
18.       if(c==100)
19.       {   sec++;
20.           c=0;
21.           if(sec==60)
22.           {
23.               sec=0;
24.               min++;
25.               if(min==60)
26.               {
27.                   min=0;
28.                   hour++;
29.                   if(hour==24)
30.                   {
31.                       hour=0;
32.                   }
```

```
33.              }
34.          }
35.      }
36. }
```

（2）Led.c。

该文件主要完成 12864 驱动程序的设置，主要函数如下。

void Delay_uS(uchar us_value)：1μs 延时函数。

static void Delay_mS(uint ms_value)：1ms 延时函数。

void BusycChk_12864(void)：检测 12864 是否空闲，如果忙则等待。单片机向 12864 发出写指令后，12864 处理这个指令需要一段时间（对显示做更新），12864 会设置一个"遇忙"标记，表明 12864 处于"遇忙"状态，在"遇忙"状态下不能接收指令。

unsigned char LCD_RdData(void)：单片机读数据。

void Lcd_WrCmd(uchar cmd)：单片机向 12864 发出写指令。

void Lcd_WrData(uchar wdata)：单片机向 12864 写数据。

void Lcd_Init (void)：12864 初始化。

Lcd_Clr(void)：清屏。

void Lcd_Full(void)：满屏。

（3）Main.c。

Main.c 为主函数，用于初始化定时器、12864。

4．程序编译、下载、测试

对程序进行编译，编译无误后，通过 ISP 进行下载。

5．查看结果

在 NEWLab 实训平台上查看结果。

 任务检查与评价

详见本书配套资源。

 任务小结

通过对单片机定时器、12864 等相关知识的学习，熟练掌握单片机定时器中断编程原理，能完成程序编写，实现电子表的功能。

 任务拓展

参考本任务相关理论知识，自行设计代码，完成如下功能：

（1）加入报时功能，如一小时报时一次，蜂鸣器响一次。

（2）利用超声波模块、单片机开发模块、12864 完成倒车雷达的功能。

项目 五 电子密码锁

引导案例

在我国仰韶文化遗址中发现了装在木结构框架建筑上的木锁。东汉时期，我国三簧锁制造技术已具有相当高的水平。三簧锁前后沿用了 1000 多年。1848 年，美国人耶尔发明了采用圆柱形销栓的弹子锁，这种锁后来成为世界上使用最普遍的机械锁。

利用普通机械锁来保护室内财产安全、对进出人员进行控制的安全防范措施已经延续了很多年。早期的机械锁由于机械结构简单，钥匙容易被人复制，只用一些普通的工具就可以把这些机械锁打开。随着科技水平的提高，普通机械锁已不能满足人们对安全防范的要求，电子密码锁应运而生。

电子密码锁是一种通过输入密码来控制电路或芯片工作，从而控制机械开关的闭合，完成开锁、闭锁任务的电子产品。它的种类很多，有基于简单电路的产品，也有基于芯片的产品。电子密码锁的性能和安全性远超机械锁。

电子密码锁如图 5-0-1 所示。本项目通过键盘模块、单片机开发模块和显示模块模拟电子密码锁的功能。

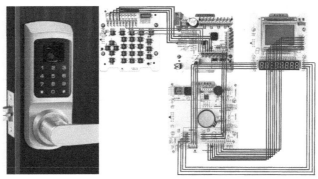

图 5-0-1　电子密码锁

5.1　任务 1　矩阵键盘操作

职业能力目标

● 能根据任务要求，认真查阅相关资料，掌握矩阵键盘与数码管静态显示的基本原理。

单片机技术及应用

● 能根据功能需求，熟练编写单片机程序，完成矩阵键盘的操作功能。

 任务描述与要求

> **任务描述：** XX 公司根据市场需求调研结果，决定研发一款新产品——电子密码锁，以单片机为控制器，利用键盘输入密码。新产品分两期开发，研发部根据开发计划，现在要进行第一期开发，第一期开发计划要求利用单片机获取按键的键值并在数码管上显示。
>
> **任务要求：**
>
> ● 掌握单片机 I/O 原理、矩阵键盘工作原理。
>
> ● 编写单片机程序，使用行扫描法判断是否有按键被按下，如果某按键被按下，则在数码管上显示该按键的键值，如按下 1 键时在数码管上显示"1"，按下 2 键时显示"2"。

任务分析与计划

根据所学相关知识，完成本任务的实施计划。

项目名称	电子密码锁
任务名称	矩阵键盘操作
计划方式	分组完成、团队合作、分析调研
计划要求	1. 能够按照连接图施工，完成各模块之间的连接 2. 能搭建开发环境 3. 能创建工作区和项目，完成代码编写 4. 能完成矩阵键盘的代码调试和测试 5. 能分析项目的执行结果，归纳所学的知识与技能
序　号	任务步骤
1	
2	
3	
4	
5	

 **知识储备**

1. 矩阵键盘概述

使用独立按键作为 P1 口的输入时，一个独立按键要占用一个 I/O 口，16 个独立按键就要占用 16 个 I/O 口，单片机 I/O 口浪费较多。当按键数量较多时，为了减少 I/O 口的占用，通常采用矩阵键盘。

矩阵键盘适用于按键数量较多的场合，它由行线和列线组成，按键位于行、列的交叉点上。矩阵键盘实物如图 5-1-1 所示。

图 5-1-1　矩阵键盘实物

还有一种薄膜按键，它由三层构成，第一层为按键的表层，第二层为按键按列连接在一起，第三层为按键按行连接在一起，如图 5-1-2 所示。

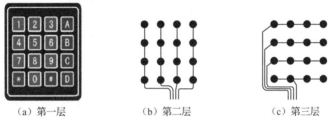

（a）第一层　　　　　（b）第二层　　　　　（c）第三层

图 5-1-2　薄膜按键内部结构

2．矩阵键盘的内部结构

在矩阵键盘电路中，行线（R0Wx）接单片机的 I/O 口，列线（COLx）也接单片机的 I/O 口，同时列线通过上拉电阻连接电源，如图 5-1-3 所示。

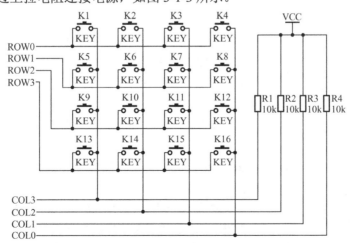

图 5-1-3　矩阵键盘电路图

列线一端经上拉电阻接电源（VCC），另一端接单片机的输入口；行线一端接单片机的输出口，另一端悬空。行线（水平线）与列线（垂直线）的交叉处通过一个按键来连通。利用这种矩阵结构，只需 *n* 条行线和 *m* 条列线，即可组成具有 *n×m* 个按键的键盘。

通过以上方法，单片机一组端口共有 8 位（如 P1 口），可以控制 4×4=16 个按键，比直接使用端口线多出了一倍，而且线数越多，区别越明显。例如，再多加一条线就可以构成有 20 个按键的键盘，而直接使用端口线（采用独立按键的接法）只能多出一个按键。由此可见，在需要的按键比较多时，采用矩阵键盘较合理。

3. 矩阵键盘的识别方法

通过单片机的一组端口就可以控制 4×4 矩阵键盘，具体的识别方法如下。

1）行扫描法

行扫描法又称逐行扫描查询法，是最常用的一种按键识别方法。在行扫描法中将行线接单片机的输出口，列线接单片机的输入口。

它的工作过程可以分为如下两个步骤。

判断键盘中有无按键被按下：将全部行线置低电平，然后检测列线的状态。只要有一根列线为低电平，就表示键盘中有按键被按下，而且闭合的按键在低电平列线与 4 根行线相交叉的 4 个按键之中。若所有列线均为高电平，则键盘中无按键被按下。

判断闭合按键所在的位置：在确认有按键被按下后，即可进入确定具体闭合按键的过程。其方法是，依次将行线置为低电平，即在置某根行线为低电平时，使其他行线为高电平。在确定某根行线为低电平之后，再检测各列线的状态。若某根列线为低电平，则该列线与置为低电平的行线交叉处的按键就是闭合的按键。

本任务将采用行扫描法进行按键检测。

2）高低电平翻转法

首先使所有的列线为低电平，所有的行线为高电平（单片机 I/O 口设置为输入端）。若有按键被按下，则行线中会有一根由高电平翻转为低电平，此时即可确定被按下按键的行的位置。

接着使所有的行线为低电平，所有的列线为高电平（单片机 I/O 口设置为输入端）。若有按键被按下，则列线中会有一根由高电平翻转为低电平，此时即可确定被按下按键的列的位置。

4. 矩阵键盘识别程序

主函数流程图如图 5-1-4 所示。

在确认按键被按下后，系统执行按键被按下后的语句，即利用行扫描法判断哪个按键被按下并显示键值。

5. 主要程序讲解

unsigned code LEDdata[10]用于定义数组，数组共 10 个，用于保存共阳极数码管 0～9 的段码。

定义中有一个特殊的关键字"code"，这个关键字在标准 C 语言中没有。这是因为在单片机中一般有两个存储区域，即 ROM 和 RAM，程序代码存储在 ROM 中，临时变量、数据存储在 RAM 中。而"code"的作用就是将其修饰过的变量存储在 ROM 中。因为单片机的 RAM 空间比较小，通过"code"可以节省 RAM 空间。

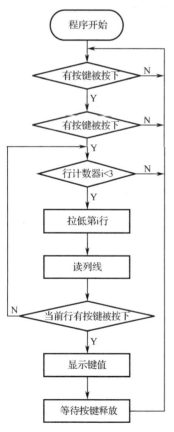

图 5-1-4　主函数流程图

bit Key_Scan()用于检测是否有按键被按下。如果有则返回 1，无则返回 0。代码如下。

```
1.   bit Key_Scan()
2.   {
3.       P1=0x0F;                     //拉低行线
4.       if(P1!=0x0F)                 //判断是否有按键被按下
5.       {
6.           return 1;                //有则返回 1
7.       }
8.       else
9.       {
10.          return 0;                //无则返回 0
11.      }
12.  }
```

由于 P1 口高四位接行线，低四位接列线，因此当 P1=0x0F 时，高四位为低电平，即行线拉低。如果 P1 口高四位为低电平，则说明没有按键被按下，返回值为 0；如果为高电平，则说明有按键被按下，返回值为 1。

unsigned char Key_Get()为获取键值函数，通过逐行扫描的方式进行判断。

如图 5-1-5 所示为逐行扫描的流程图。

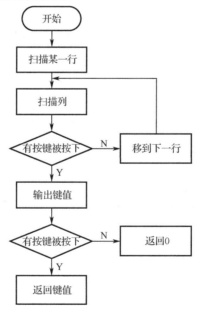

图 5-1-5 逐行扫描的流程图

```
1.   unsigned char Key_Get()
2.   {
3.       unsigned char row, rowLine=0x10, col, colLine, keyVal;
4.       for(row=0;row<3;row++)                //依次扫描所有行
5.       {
6.           P1=~rowLine;                      //扫描某一行
7.           Delay10ms();
```

```
8.          colLine = P1&0x0F;                    //读取列值
9.          if(colLine!=0x0F)                      //有按键被按下
10.         {
11.             colLine=(~colLine)&0x0F;           //将列值转换为8421码
12.             for(col=1;colLine>>=1;col++);      //将8421码转换为幂值
13.             {
14.                 keyVal = row*3+col;
15.             }                                  //将行值和列值转换为键值
16.             break;                             //有按键被按下，提前结束循环
17.         }
18.         else                                   //无按键被按下
19.         {
20.             rowLine<<=1;
21.         }
22.     }
23.     if(row==3)
24.     {
25.         return 0;
26.     }                                          //说明无按键被按下
27.     else return keyVal;                        //返回键值
28.     }
```

在 void main()中，标志位"keyDown"表示按键是否被按下。当按键被按下时，该标志位置 1；当按键被释放时，该标志位置 0。通过此方法，可避免按住按键不放时，程序停留在"待按键释放"处，单片机利用率低的问题。

```
1.   #include "reg52.h"
2.   sbit Key1 = P1^7;                            //独立按键的定义
3.   sbit Key2 = P1^6;
4.   unsigned code LEDdata[10]=                    //共阳极数码管 0～9 的段码
5.   {
6.       0xC0, 0xF9, 0xA4, 0xB0, 0x99,
7.       0x92, 0x82, 0xF8, 0x80, 0x90,
8.   };
9.   void Delay10ms()                             //延时 10ms
10.  { // 此处省略
11.  }
12.  bit Key_Scan()
13.  {
14.      P1=0x0F;                                 //拉低行线
15.      if(P1!=0x0F)                             //判断是否有按键被按下
16.      {
17.          return 1;                            //有则返回 1
18.      }
19.      else
20.      {
21.          return 0;                            //无则返回 0
```

```
22.          }
23.    }
24.    unsigned char Key_Get()
25.    {
26.        unsigned char row, rowLine=0x10, col, colLine, keyVal;
27.        for(row=0;row<3;row++)                  //依次扫描所有行
28.        {
29.            P1=~rowLine;                         //扫描某一行
30.            Delay10ms();
31.            colLine = P1&0x0F;                   //读取列值
32.            if(colLine!=0x0F)                    //有按键被按下
33.            {
34.                colLine=(~colLine)&0x0F;         //将列值转换为8421码
35.                for(col=1;colLine>>=1;col++) ;
36.                keyVal = row*3+col;
37.                break;                           //有按键被按下，提前结束循环
38.            }
39.            else                                 //无按键被按下
40.            {
41.                rowLine<<=1;
42.            }
43.        }
44.        if(row==3) return 0;                     //说明无按键被按下
45.        else return keyVal;                      //返回键值
46.    }
47.    void main()
48.    {
49.        bit keyDown=0;
50.        unsigned char keyVal;
51.        while(1)
52.        {
53.            if(!keyDown&&Key_Scan())             //是否有按键被按下
54.            {
55.                Delay10ms();                     //延时消抖
56.                if( Key_Scan())                  //是否有按键被按下
57.                {
58.                    keyDown = 1;                 //按键按下标志位置1
59.                    keyVal=Key_Get();            //获取键值
60.                    P0=LEDdata[keyVal];          //送 keyVal 的段码
61.                }
62.            }
63.            if(!Key_Scan())
64.            {
65.                keyDown = 0;                     //按键释放标志位置0
66.            }
67.        }
68.    }
```

（1）矩阵键盘由_____和_____组成，_____位于行、列的交叉点上，适用于_____场合。

（2）薄膜按键由三层构成，第一层为按键的_____，第二层为按键按_____连接在一起，第三层为按键按_____连接在一起。

想一想

矩阵键盘的作用是什么？

任务实施

设备与资源准备

任务实施前必须先准备好以下设备和资源。

序　　号	设备/资源名称	数　　量	是否准备到位
1	计算机	1	
2	NEWLab 实训平台	1	
3	单片机开发模块	1	
4	显示模块	1	
5	键盘模块	1	

任务实施导航

本任务实施过程分成以下 5 步。

1. 搭建硬件环境

如图 5-1-6 所示，按照硬件连接图连接模块。

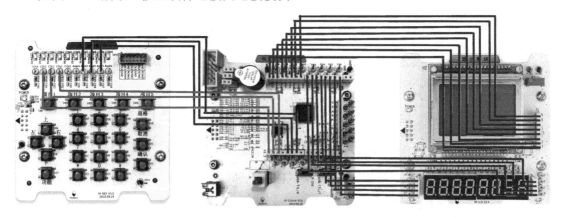

图 5-1-6　硬件连接图

键盘模块与单片机开发模块的接线如下：

键盘模块 ROW1 端口连接单片机 P1.4；

键盘模块 ROW2 端口连接单片机 P1.5；

键盘模块 ROW3 端口连接单片机 P1.6；

键盘模块 COL4 端口接单片机 P1.0；

键盘模块 COL3 端口接单片机 P1.1；

键盘模块 COL2 端口接单片机 P1.2；

键盘模块 COL1 端口接单片机 P1.3。

2．建立工程

建立工程，在代码区内编写程序。

3．编写键盘扫描、显示程序

```
1.   #include"stc15w1k24s.h"
2.   sbit Key1 = P1^7;                        //独立按键的定义
3.   sbit Key2 = P1^6;
4.   unsigned code LEDdata[10]=               //共阳极数码管 0～9 的段码
5.   {
6.       0xC0, 0xF9, 0xA4, 0xB0, 0x99,
7.       0x92, 0x82, 0xF8, 0x80, 0x90,
8.   };
9.   void Delay10ms()                         //延时 10ms
10.  {
11.      unsigned char i, j;
12.      i = 108;
13.      j = 145;
14.      do
15.      {
16.          while (--j);
17.      }
18.      while (--i);
19.  }
20.  bit Key_Scan()
21.  {
22.      P1=0x0F;                             //拉低行线
23.      if(P1!=0x0F)                         //判断是否有按键被按下
24.      {
25.          return 1;                        //有则返回 1
26.      }
27.      else
28.      {
29.          return 0;                        //无则返回 0
30.      }
31.  }
32.  unsigned char Key_Get(){
33.  unsigned char row, rowLine=0x10, col, colLine, keyVal;
34.  for(row=0;row<3;row++)                   //依次扫描所有行
35.      {
```

```
36.         P1=~rowLine;                          //扫描某一行
37.         Delay10ms();
38.         colLine = P1&0x0F;                    //读取列值
39.         if(colLine!=0x0F)                     //有按键被按下
40.         {
41.             colLine=(~colLine)&0x0F;          //将列值转换为 8421 码
42.             for(col=1;colLine>>=1;col++) ;
43.             keyVal = row*3+col;
44.             break;                            //有按键被按下，提前结束循环
45.         }
46.         else                                  //无按键按下
47.         {
48.             rowLine<<=1;
49.         }
50.     }
51.     if(row==3) return 0;                      //说明无按键被按下
52.     else return keyVal;                       //返回键值
53.
54. }
55. void main()
56. {
57.     bit keyDown=0;
58.     unsigned char keyVal;
59.     while(1)
60.     {
61.         if(!keyDown&&Key_Scan())              //是否有按键被按下
62.         {
63.             Delay10ms();                      //延时消抖
64.             if( Key_Scan())                   //是否有按键被按下
65.             {
66.                 keyDown = 1;                  //按键按下标志位置 1
67.                 keyVal=Key_Get();            //获取键值
68.                 P0=LEDdata[keyVal];          //送 keyVal 的段码
69.             }
70.         }
71.         if(!Key_Scan())
72.         {
73.             keyDown = 0;                      //按键释放标志位置 0
74.         }
75.     }
76. }
```

4．程序编译、下载、测试

进行程序编译，编译无误后，通过 ISP 进行下载。

5. 查看结果

按键被按下则在数码管上显示该按键的键值，按下 1 键时数码管上显示"1"，按下 2 键时显示"2"。

任务检查与评价

详见本书配套资源。

任务小结

通过对单片机定时器、数码管静态显示相关知识的学习，熟练掌握单片机定时器中断程序编写原理，并能完成程序编写，最终实现单片机获取按键的键值并在数码管上显示。

任务拓展

参考本任务相关理论知识，自行设计代码，完成如下功能：
采用数码管动态扫描、矩阵键盘翻转法完成本任务。

5.2 任务 2 实现电子密码锁功能

职业能力目标

● 能根据任务要求，认真查阅相关资料，掌握单片机矩阵键盘与数码管动态显示的基本原理。
● 能根据功能需求，熟练编写单片机程序，实现电子密码锁功能。

任务描述与要求

　　任务描述：XX 公司根据市场需求调研结果，决定研发一款新产品——电子密码锁，该电子锁以单片机为控制器，利用键盘输入密码。该新产品分两期开发，研发部根据开发计划，现在要进行第二期开发，第二期开发计划要求用键盘输入密码，密码正确时数码管显示通过（开锁），密码错误时数码管显示出错（未开锁）。
　　任务要求：
● 掌握单片机 I/O 原理、矩阵键盘原理。
● 正确编写单片机程序，完成密码验证功能。用键盘输入"2345"时，数码管显示"pass"；输入其他内容时，数码管显示"err"。

根据所学相关知识，完成本任务的实施计划。

项目名称	电子密码锁	
任务名称	实现电子密码锁功能	
计划方式	分组完成、团队合作、分析调研	
计划要求	1. 能够按照连接图施工，完成各模块之间的连接 2. 能搭建开发环境 3. 能创建工作区和项目，完成代码编写 4. 能完成电子密码锁的代码调试和测试 5. 能分析项目的执行结果，归纳所学的知识与技能	
序　号	任 务 步 骤	
1		
2		
3		
4		
5		

知识储备

1. 加密算法简介

数据加密的基本过程就是对原来为明文的文件或数据按某种算法进行处理，使其成为不可读的一段代码，通常称为"密文"，在输入相应的密钥之后才能显示出本来内容，通过这样的途径来达到保护数据不被非法窃取、阅读的目的。

当今密码学中主要有两种加密算法：对称加密算法和非对称加密算法。

1）对称加密算法

1976 年以前，所有的加密算法都是同一种模式：加密和解密使用同样的规则，即加密和解密使用的是同一个密钥。使用相同的密钥，经过两次连续的对等加密运算后就能恢复原始信息，这被称为对称加密算法。

优点：算法简单，加密、解密容易，效率高，执行快。

缺点：相对来说不是特别安全，密文和密钥被劫持后，信息很容易被破译。

2）非对称加密算法

非对称加密算法有两个密钥，即公钥（Public Key）和私钥（Private Key）。公钥和私钥成对存在，如果对原文使用公钥加密，则只能使用对应的私钥才能解密。因为加密和解密使用的不是同一个密钥，所以这种算法被称为非对称加密算法。

非对称加密算法的密匙是通过一系列算法获取的一长串随机数，通常随机数越长，加密信息越安全。私钥经过一系列算法是可以推导出公钥的，也就是说，公钥是基于私钥而存在的。

但是无法通过公钥反向推导出私钥，这个过程是单向的。

优点：安全，即使密文被拦截、公钥被获取，但是无法获取到私钥，也就无法破译密文。作为接收方，务必要保管好自己的私钥。

缺点：加密算法复杂，安全性依赖算法与密钥，加密和解密效率低。

2．74HC595

1）概述

74HC595 是具有三态输出锁存功能的 8 位串行输入、串行/并行输出移位寄存器。移位寄存器和存储寄存器有各自的时钟。每当移位寄存器输入时钟 SHCP 上升沿来临之时，数据被移出。每当存储寄存器输入时钟 STCP 上升沿来临之时，数据被并行地存储到存储寄存器中。如果两个时钟上升沿同时到来，移位寄存器的操作总是要比存储寄存器提前一个时钟。

74HC595 实物如图 5-2-1 所示。

图 5-2-1　74HC595 实物

2）内部结构

74HC595 内部结构如图 5-2-2 所示。

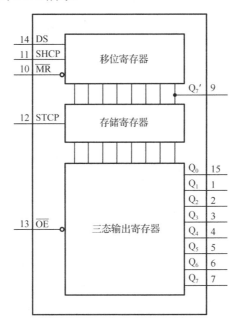

图 5-2-2　74HC595 内部结构

（1）特点。

74HC595 包含三部分：移位寄存器、存储寄存器、三态输出寄存器。74HC595 和 74LS164 功能相仿，但是 74LS164 的驱动电流（25mA）比 74HC595（35mA）小。

（2）输出能力。

74HC595 有一个串行移位输入（DS）、一个串行输出（Q_7）和一个异步低电平复位 $\overline{MR}$，存储寄存器有一个并行 8 位、具备三态的总线输出，当使能 $\overline{OE}$ 时（为低电平），存储寄存器的数据输出到总线。

74HC595 的优点是具有存储寄存器，在移位的过程中，输出端的数据可以保持不变。这在串行速率低的场合很有用处，可以让数码管没有闪烁感。

3）引脚说明

74HC595 的引脚图如图 5-2-3 所示，引脚说明见表 5-2-1。

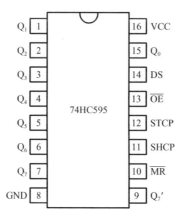

图 5-2-3　74HC595 的引脚图

表 5-2-1　74HC595 引脚说明

符　号	引　脚	说　明
$Q_0 \sim Q_7$	第 15 脚、第 1～7 脚	8 位并行数据输出
GND	第 8 脚	地
Q_7'	第 9 脚	串行数据输出
$\overline{MR}$	第 10 脚	主复位（低电平）
SHCP	第 11 脚	移位寄存器时钟输入
STCP	第 12 脚	存储寄存器时钟输入
$\overline{OE}$	第 13 脚	输出有效（低电平）
DS	第 14 脚	串行数据输入
VCC	第 16 脚	电源

$\overline{MR}$：复位脚，低电平时将移位寄存器的数据清 0。

SHCP：上升沿时，移位寄存器中的数据移位，移位顺序为 $Q_1 \rightarrow Q_2 \rightarrow Q_3 \rightarrow \cdots \rightarrow Q_7$；下降沿时，移位寄存器中数据不变。

STCP：上升沿时，移位寄存器中的数据进入存储寄存器；下降沿时，存储寄存器中数据不变。通常将 STCP 置为低点平，当移位结束后，在 STCP 端产生一个正脉冲，更新显示数据。

$\overline{OE}$：高电平时禁止输出（呈高阻态）。如果单片机的引脚不紧张，可以使用一个引脚控制它，较方便地产生闪烁和熄灭效果，比通过数据端移位控制要容易。

4）使用步骤

（1）将要输入的数据移到 74HC595 的 DS 上。

具体操作：将数据的最低位送到 74HC595 的 DS 上。

（2）将数据逐位移入 74HC595，即数据串行输入。

具体操作：在 SHCP 上产生一上升沿，将 DS 的数据移入 74HC595。

（3）并行输出数据。

具体操作：在 STCP 上产生一上升沿，将移入存储寄存器中的数据送入输出锁存器后并行输出。

每当 SHCP 上升沿到来时，DS 当前电平值在移位寄存器中左移一位，在下一个上升沿到来时，移位寄存器中的所有位都会左移一位，同时 Q_7 也会串行输出移位寄存器中高位的值，这样连续进行 8 次，就可以把数组中每一个数送到移位寄存器。然后，当 STCP 上升沿到来时，移位寄存器的值将会被锁存到输出锁存器里，从 $Q_1 \sim Q_7$ 输出。SHCP 产生上升沿（移入数据）和 STCP 产生上升沿（输出数据）是两个独立的过程，实际应用时互不干扰，因此可在输出数据的同时移入数据。

3．主程序流程图

主程序流程图如图 5-2-4 所示。

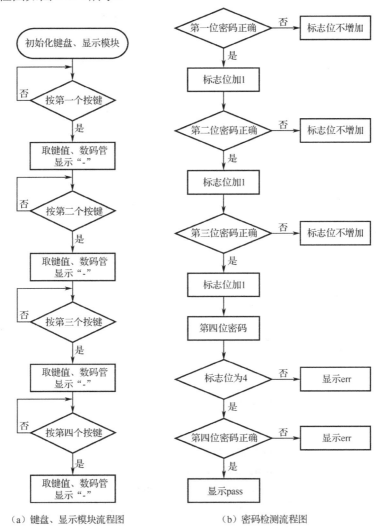

（a）键盘、显示模块流程图 　　（b）密码检测流程图

图 5-2-4　主程序流程图

4. 关键程序分析

Keyboard.c 文件内容是对矩阵键盘的处理。

void KeyDown()：键盘函数，按照逐行扫描的方法进行按键判断。

```
1.    void KeyDown()                              //键盘函数
2.    {
3.        uchar keypress;                         //临时键值
4.        uchar col;                              //键盘列信息
5.        uchar row;                              //键盘行信息
6.        uchar i;
7.        KeyValue=0xff;                          //键值无效
8.        keypress=0xff;                          //临时键值无效
9.        col=0xff;
10.       row=0xfe;
11.       P1=0xf0;                                //准备判断
12.       delays(10);
13.       if((P1&0xf0)!=0xf0)                     //是否有按键被按下
14.       {     for(i=0;i<4;i++)                  //扫4行
15.       {
16.              P1=row;                          //扫一行，让此行输出为0
17.              delays(10);
18.              col=P1|0x0f;                     //读列信息，屏蔽行信息
19.              if(col!=0xff)                    //扫描，若有按键被按下
20.              {
21.                   keypress=col&row;           //合成临时键值
22.                   break;
23.              }
24.              else row=row<<1|0x01;            //准备扫描下一行
25.       }
26.       }
27.       if(keypress!=0xff)                      //若临时键值有效
28.       {
29.           switch(keystate)
30.           {
31.           case 0: keystate=1;break;           //消抖
32.           case 1:
33.           {
34.                keystate=2;
35.                switch(keypress)
36.                {
37.                     case 0xee:KeyValue=1;ab++; break;
38.                     case 0xde:KeyValue=2;ab++; break;
39.                     case 0xbe:KeyValue=3;ab++;break;
40.                     case 0xdd:KeyValue=4;ab++; break;
41.                     case 0xbd:KeyValue=5;ab++; break;
42.                     case 0x7d:KeyValue=6;ab++; break;
43.                     case 0xeb:KeyValue=7;ab++;break;
```

```
44.                    case 0xdb:KeyValue=8;ab++; break;
45.                    case 0xbb:KeyValue=9;ab++; break;
46.                       default:
47.                    {
48.                       KeyValue=0xff;              //键值无效
49.                       keystate=0;                 //状态清 0
50.                    }
51.               }
52.            }break;
53.         }
54.      }
55.      else keystate=0;                             //无按键被按下，状态清 0
56. }
```

Main.c 为主函数，实现数码管显示、密码判断的功能。

void displayy(u8 *pointer)：数码管显示函数，采用动态扫描的方式，调用 Hc595_Out()函数，把要显示的内容通过数码管显示出来。

```
1.    void displayy(u8 *pointer)
2.    {
3.       int8u i;
4.       for(i=0;i<8;i++)
5.       {
6.       Hc595_Out(weica[i],table[*pointer]);         //位段
7.       pointer++;
8.       }
9.    }
```

void Hc595_Out(int8u dh, int8u dl)：芯片 74HC595 驱动程序。当 SHCP 为上升沿时，把数据移入移位寄存器，移动一字节（8 次）后，待 STCP 为上升沿时，进行锁存并输出，具体代码如下。

```
1.    void Hc595_Out(int8u dh, int8u dl)
2.    {
3.       int8u i;
4.       int16u dout;
5.       dout = (dh<<8) | dl;
6.       HC595_STCP = 0;
7.       HC595_SHCP = 0;
8.       for(i=0; i<16; i++)                           //串行移位输出
9.       {
10.          HC595_SHCP = 0;
11.          if( dout & 0x8000 )
12.          {
13.             HC595_SI = 1;
14.          }
15.          else
16.          {
```

```
17.              HC595_SI = 0;
18.          }
19.          _NOP_();
20.          HC595_SHCP = 1                           //上升沿移入数据
21.          _NOP_();
22.          dout = dout<<1;                          //准备移入下一位
23.      }
24.      HC595_SHCP = 0;
25.      HC595_STCP = 1;                              //输出
26.      _NOP_();
27.      _NOP_();
28.      HC595_STCP = 0;
29. }
```

测一测

常见的加密算法有_____和_____两种。

想一想

简述对称加密算法和非对称加密算法的优、缺点。

设备与资源准备

任务实施前必须先准备好以下设备和资源。

序　号	设备/资源名称	数　量	是否准备到位
1	计算机	1	
2	NEWLab 实训平台	1	
3	单片机开发模块	1	
4	显示模块	1	
5	键盘模块	1	

任务实施导航

本任务实施过程分成以下 5 步。

1．搭建硬件环境

按照图 5-2-5 进行硬件连接。

1）单片机开发模块与显示模块的连接

（1）74HC595 的 D1～D8 与数码管段的连接：

D1 接 A，D2 接 B，D3 接 C，D4 接 D，D5 接 E，D6 接 F，D7 接 G，D8 接 H。

（2）74HC595 的 S1～S8 与数码管的连接：

S1 接 S1，S2 接 S2，S3 接 S3，S4 接 S4，S5 接 S5，S6 接 S6，S7 接 S7，S8 接 S8。

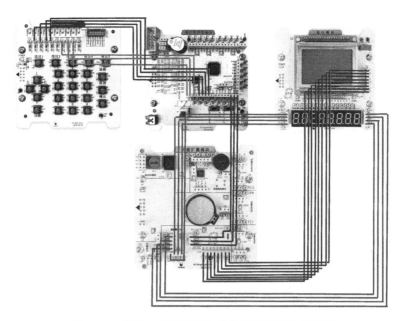

图 5-2-5 键盘、显示模块与单片机开发模块的连接

2）键盘模块与单片机开发模块的连接

键盘模块 ROW1 接单片机 P1.0；　　　LS595 扩展模块与单片机模块连接：

键盘模块 ROW2 接单片机 P1.1；　　　芯片 595 的 VCC 短接 3.3V，即 J11 两端短接；

键盘模块 ROW3 接单片机 P1.2；　　　芯片 595 的 J21 插口的 SI 接单片机 P3.5；

键盘模块 COL3 接单片机 P1.4；　　　芯片 595 的插口的 SCK 接单片机 P3.6；

键盘模块 COL2 接单片机 P1.5；　　　芯片 595 的插口的 RCK 接单片机 P3.7。

键盘模块 COL1 接单片机 P1.6；

键盘模块 COL0 接单片机 P1.7；

2. 建立工程

建立工程，在代码区内编写程序。

3. 编写键盘扫描、显示、密码判断程序

```
1.   #include"stc15w1k24s.h"
2.   #include"config.h"
3.   uchar ii,jj=0,kk;
4.   uchar code table[]={0xc0,0xf9,0xa4,0xb0,0x99,0x92,0x82,0xf8,0x80,0x90,0xbf, 0xff,0x8c,0x88,0x92,
0x86,0xaf};
5.   uchar code yi[8]={11,11,11,11,11,11,11,10};
6.   uchar code er[8]={11,11,11,11,11,11,10,10};
7.   uchar code san[8]={11,11,11,11,11,10,10,10};
8.   uchar code si[8]={11,11,11,11,10,10,10,10};
9.   uchar code pass[8]={11,11,11,11,12,13,14,14};      //pass
10.  uchar code err[8]={11,11,11,11,11,15,16,16};       //err
11.  uchar code weica[8]={0x01,0x02,0x04,0x08,0x10,0x20,0x40,0x80};
12.  #include "type_def.h"
13.  #include <intrins.h>
```

```
14.    #define _NOP_()
15.    sbit HC595_SI   = P3^5;
16.    sbit HC595_SHCP = P3^6;
17.    sbit HC595_STCP = P3^7;
18.    uchar mn=0;                                    //标志位
19.    uchar s1=2,s2=3,s3=4,s4=5;                     //密码
20.    void Hc595_Out(int8u dh, int8u dl)
21.    {
22.        int8u i;
23.        int16u dout;
24.        dout = (dh<<8) | dl;
25.        HC595_STCP = 0;
26.        HC595_SHCP = 0;
27.        for(i=0; i<16; i++)                        //串行移位输出
28.        {
29.            HC595_SHCP = 0;
30.            if( dout & 0x8000 )
31.            {
32.                HC595_SI = 1;
33.            }
34.            else
35.            {
36.                HC595_SI = 0;
37.            }
38.            _NOP_();
39.            HC595_SHCP = 1                          //上升沿移入数据
40.            _NOP_();
41.            dout = dout<<1;                         //准备移入下一位
42.        }
43.        HC595_SHCP = 0;
44.        HC595_STCP = 1;                             //输出
45.        _NOP_();
46.        _NOP_();
47.        HC595_STCP = 0;
48.    }
49.    void displayy(u8 *pointer)
50.    {
51.        unsigned int i;
52.        for(i=0;i<8;i++)
53.        {
54.            Hc595_Out(weica[i],table[*pointer]);    //位段
55.            pointer++;
56.        }
57.    }
58.    void delays(uint dd)
59.    {
60.        while(dd--)
```

```
61.        { ;
62.        }
63.  }
64.  void main()
65.  {
66.      while(1)                              //总循环
67.          {
68.              KeyDown();
69.              while(ab<5)
70.              {
71.                  KeyDown();               //键盘函数取值
72.                  if(ab==2)
73.                  {
74.                      displayy(yi);
75.                      if( KeyValue==s1)mn++;
76.                  }
77.                  if(ab==3)
78.                  {                          //输入1位密码
79.                      displayy(er);
80.                      if( KeyValue==s2)mn++;
81.                  }
82.                  if(ab==4)
83.                  {                          //输入1位密码
84.                      displayy(san);
85.                      if( KeyValue==s3)mn++;
86.                  }
87.                  if(ab==5)
88.                  {                          //输入1位密码
89.                      displayy(si);
90.                      if( KeyValue==s4)mn++;
91.                  }
92.              }
93.              if(mn==4)                      //判断
94.              {
95.                  displayy(pass);
96.              }
97.              else  displayy(err);
98.          }
99.  }
```

4．程序编译、下载、测试

进行程序编译，编译无误后，通过 ISP 进行下载。

5．查看结果

在数码管上观看结果。

任务检查与评价

详见本书配套资源。

任务小结

通过对单片机定时器、数码管相关知识的学习，熟练掌握单片机定时器中断程序编写原理，并能完成程序编写，最终实现密码输入、显示与判断功能。

任务拓展

参考本任务相关理论知识，自行设计代码，完成如下功能：
采用数码管动态扫描、矩阵键盘翻转法完成本任务。

项目 六 电子日历

 引导案例

日历即阳历，平年 365 天，闰年 366 天。阳历是以地球绕太阳公转的运动周期为基础而制定的历法。

电子日历是近代世界钟表业的第三次革命。第一次革命是摆和摆轮游丝的发明，相对稳定的机械振荡频率源使钟表的走时日差从分级缩小到秒级，代表性产品就是带有摆或摆轮游丝的机械钟表。第二次革命是石英晶体振荡器的应用，由此产生了精度更高的石英电子钟表，使钟表的走时月差从分级缩小到秒级。第三次革命是单片机数码计时技术的应用（电子日历），使计时产品的走时日差缩小到 1/6000000 秒，显示方式也从传统指针显示方式发展为人们更为熟悉的数字显示方式。

电子日历实物如图 6-0-1 所示。本项目通过单片机开发模块、显示模块和功能扩展模块模拟电子日历。如图 6-0-2 所示为电子日历硬件连接图。

图 6-0-1　电子日历实物

图 6-0-2　电子日历硬件连接图

6.1 任务 1 单片机串口发送数据

 职业能力目标

- 能根据任务要求，认真查阅相关资料，掌握单片机串口发送数据的原理。
- 能根据功能需求，熟练编写单片机程序，完成单片机通过串口向计算机发送数据的功能。

 任务描述与要求

> **任务描述**：XX 公司根据市场需求调研结果，决定研发一款新产品——电子日历，要求用数码管显示当前日、月、年等。该新产品分三期开发，研发部根据开发计划，现在要进行第一期开发，第一期开发计划要求通过单片机串口发送数据到计算机。
>
> **任务要求**：
> - 掌握单片机串口工作原理。
> - 编写单片机程序，完成通过单片机串口发送数据到计算机的功能。

 任务分析与计划

根据所学相关知识，完成本任务的实施计划。

项目名称	电子日历
任务名称	单片机串口发送数据
计划方式	分组完成、团队合作、分析调研
计划要求	1. 能够按照连接图施工，完成各模块之间的连接
	2. 能搭建开发环境
	3. 能创建工作区和项目，完成代码编写
	4. 能完成串口发送数据的代码调试和测试
	5. 能分析项目的执行结果，归纳所学的知识与技能
序 号	主 要 步 骤
1	
2	
3	
4	
5	

知识储备

1．并行通信和串行通信

随着单片机系统的广泛应用和计算机网络技术的普及，计算机的通信功能显得越来越重要。计算机通信是指计算机的 CPU 与外部设备之间，以及计算机和计算机之间的信息交换。

计算机通信分为并行通信和串行通信。在并行通信中，每一位数据同时进行传送，特点是传输速率大，但当距离较远、位数较多时会造成通信线路复杂且成本高。在串行通信中，同一时刻，数据按位顺序传输，每一位数据都占据一个固定的时间长度。串行通信的特点是通信线路简单，只要一对传输线就可以实现通信，对传输线的要求也不高，可以利用电话线进行通信，从而大大降低了成本，特别适用于远距离通信，但与并行通信相比，传输速率小。

如图 6-1-1 所示，并行通信采用 8 位数据总线，一次传送 8 位数据（1 字节），需要 8 条数据线。此外，还需要一条信号线和若干控制信号线。这种方式仅适合短距离的数据传输。

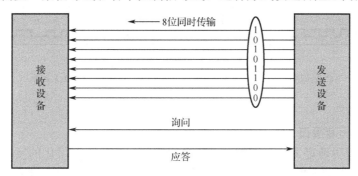

图 6-1-1　并行通信

串行通信是将数据分成一位一位的形式在一条传输线上依次传输，此时只需要一条数据线、一条公共信号地线和若干控制信号线。因为一次只能传输一位，所以对于 1 字节数据，要分 8 次才能传输完毕，如图 6-1-2 所示。

图 6-1-2　串行通信

2．异步串行通信和同步串行通信

串行通信根据定时和同步方法的不同可分为异步串行通信和同步串行通信。

异步串行通信是指通信的发送设备和接收设备使用各自的时钟控制数据的发送和接收，它们的工作是非同步的。它不要求收发双方时钟严格一致，容易实现，设备开销较小，但每个字符要附加起止位，各帧之间还有间隔，因此传输速率不大，如图 6-1-3 所示。

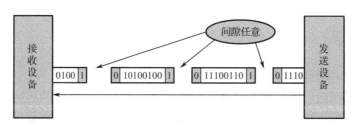

图 6-1-3　异步串行通信

同步串行通信要建立发送方时钟对接收方时钟的直接控制，使双方达到完全同步。此时，传输数据的位之间的距离均为"位间隔"的整数倍，同时传送的字符间不留间隙，既保持位同步关系，也保持字符同步关系。发送方对接收方的同步有两种实现方法，即外同步和自同步，如图 6-1-4 所示。

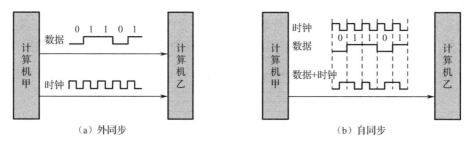

（a）外同步　　　　　　　　　　　　　　（b）自同步

图 6-1-4　同步串行通信

3．串行通信标准接口

标准接口是指明确定义若干信号线，使接口电路标准化、通用化的接口。借助串行通信标准接口，不同类型的数据通信设备可以很容易实现串行通信。采用标准接口后，能方便地把各种计算机、外部设备、单片机等连接起来进行串行通信。

异步串行通信标准接口有 RS—232C、RS—422、RS—423 和 RS—485 等。其中，RS—232C 是异步串行通信中应用最广泛的标准接口，具有电气和机械方面的规定。

RS—232C 规定的数据传输速率为 50bit/s、300bit/s、600bit/s、1200bit/s、2400bit/s、4800bit/s、9600bit/s、19200bit/s 等。

RS—232C 规定使用 25 针或 9 针连接器，连接器的尺寸及每个插针的排列位置都有明确的定义，如图 6-1-5 所示。

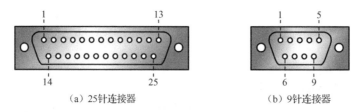

（a）25针连接器　　　　　　　　　　　（b）9针连接器

图 6-1-5　RS—232C 的连接器

RS—232C 引脚定义见表 6-1-1。

表 6-1-1 RS—232C 引脚定义

引 脚 序 号	名 称	功 能	信号方向
1	PGND	保护接地	—
2（3）	TXD	发送数据（串行输入）	DTE→DCE
3（2）	RXD	接收数据（串行输入）	DTE←DCE
4（7）	RTS	请求发送	DTE→DCE
5（8）	CTS	允许发送	DTE←DCE
6（6）	DSR	DCE 就绪（数据建立就绪）	DTE←DCE
7（5）	SGND	信号接地	—
8（1）	DCD	载波检测	DTE←DCE
20（4）	DTR	DTE 就绪（数据终端准备就绪）	DTE→DCE
22（9）	RI	振铃指示	DTE←DCE

单片机集成了异步串行通信接口，该接口对外有两个引脚，即 RXD 和 TXD，其中 RXD 为接收端，TXD 为发送端。RXD 和 TXD 两个引脚处理的都是 TTL 电平，如果要与计算机进行串口通信，还需要进行电平转换，电平转换电路如图 6-1-6 所示。

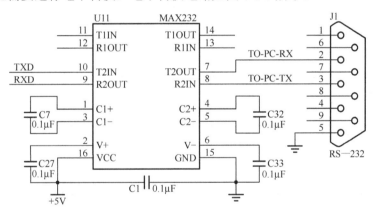

图 6-1-6 电平转换电路

MAX232 芯片包含两路接收器和驱动器，它的内部有一个电源电压变换器，可以把输入的+5V 电源电压转换为 RS—232C 输出电平所需的+10V 电压。因此，采用 MAX232 芯片的系统只需要提供一个+5V 电源。由于其适应性强，硬件接口简单，所以被广泛采用。

4．单片机串口的内部结构

串行通信中数据按位依次传输，而计算机中有的数据通过并行接口传输。因此，发送端必须把并行数据转换为串行数据才能在线路上传输，接收端接收到的串行数据又需要转换成并行数据才能发送给终端。上述"并转串"或"串转并"一般采用硬件实现。

UART（Universal Asynchronous Receiver/Transmitter，通用异步收发器）是单片机最常用的一种通信硬件，通常用于单片机和计算机之间，以及单片机和单片机之间的通信。

51 单片机的串口是一个可编程、全双工的通信接口，具有 UART 的全部功能，能同时进行数据的发送和接收，也可作为同步移位寄存器使用。

51 单片机具有两个采用 UART 工作方式的全双工串口（串口 1 和串口 2）。每个串口由两个数据缓冲器（SBUF）、一个移位寄存器、一个串行控制寄存器和一个波特率发生器等组成。每个串口的数据缓冲器由接收缓冲器和发送缓冲器构成，它们在物理上独立，既可以接收数据，也可以发送数据，还可以同时发送和接收数据。

数据缓冲器包含两个寄存器，一个是发送寄存器，另一个是接收寄存器，可满足单片机全双工方式通信需求。用串口发送数据时，从片内总线向发送缓冲器写入数据；用串口接收数据时，从接收缓冲器读出数据发送到片内总线。

串口的基本结构如图 6-1-7 所示。

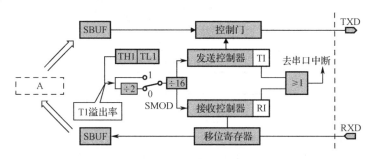

图 6-1-7 串口的基本结构

5. 单片机串口的控制

1）串口控制寄存器 SCON

SCON（表 6-1-2）的作用是设定串口的工作方式、接收/发送控制及设置状态标志。

表 6-1-2 SCON

位	7	6	5	4	3	2	1	0	
字节地址：98H	SM0	SM1	SM2	REN	TB8	RB8	TI	RI	SCON

（1）SM0、SM1：工作方式选择位，可选择四种工作方式（表 6-1-3）。

表 6-1-3 串口的四种工作方式

SM0	SM1	方 式	说 明	波 特 率
0	0	0	移位寄存器工作方式（同步通信方式）	$f_{osc}/12$
0	1	1	8 位数据位的 UART 工作方式	可变
1	0	2	9 位数据位的 UART 工作方式	$f_{osc}/64$ 或 $f_{osc}/32$
1	1	3	9 位数据位的 UART 工作方式	可变

① 方式 0。

当 SM0 置 0、SM1 置 0 时，串口以方式 0 工作，为同步移位寄存器输入/输出方式，常用于外接移位寄存器，用以扩展并行 I/O 口。

发送过程中，当 CPU 发送指令将数据写入发送缓冲器时，CPU 产生一个正脉冲，串口开始把 SBUF 中的 8 位数据以 $f_{osc}/12$ 的固定波特率从 RXD 引脚串行输出，低位先发，高位后发。

发送完数据后，TI 自行置 1。

② 方式 1。

当 SM0 置 0、SM1 置 1 时，串口以方式 1 工作。方式 1 常用于 8 位数据的串行发送和接收。TXD 端和 RXD 端用于发送和接收数据。

串口以方式 1 输出时，数据位由 TXD 端输出，发送一帧信息为 10 位，第 1 位为起始位，接着是 8 个数据位和最后的停止位。当 CPU 发送指令将数据写入发送缓冲器时，内部发送控制信号变为有效，将起始位向 TXD 端输出。此后，每经过一个时钟周期，便产生一个移位脉冲，并由 TXD 端输出一位数据。8 位数据全部发送完毕后，TI 自行置 1。

③ 方式 2。

当 SM0 置 1、SM1 置 0 时，串口工作于方式 2，其被定义为 9 位异步通信接口。

发送前，先根据通信协议由软件设置 TB8，然后将要发送的数据写入 SBUF，即可启动发送过程。串口能自动把 TB8 取出，并装入第 9 位数据位的位置，再逐一发送出去。发送完毕后，TI 自行置 1。

④ 方式 3。

当 SM0 置 1、SM1 置 1 时，串口工作于方式 3。方式 3 为波特率可变的 9 位异步通信方式。

（2）TB8：发送数据的第 9 位。

在方式 2 或方式 3 中，TB8 作为数据的奇偶校验位（单机通信），或者在多机通信中作为地址帧/数据帧的标志位。

（3）TI：发送中断标志位。

在方式 0 中，串口发送完第 8 位数据后，该位由内部硬件置 1，向 CPU 发出中断申请。因此，TI=1 表示帧发送结束，其状态既可供软件查询使用，也可请求中断。在中断服务程序中，必须用软件将其清 0，取消此中断申请。

2）电源管理寄存器 PCON

PCON（表 6-1-4）中只有 SMOD 与串口工作有关。

表 6-1-4 PCON

位	7	6	5	4	3	2	1	0	
字节地址：97H	SMOD								PCON

SMOD：波特率倍增位。在方式 1、方式 2、方式 3 中，波特率与 SMOD 有关。

SMOD=0：波特率正常。

SMOD=1：波特率提高一倍。

3）辅助寄存器 AUXR

STC15W 单片机与 51 单片机不同，STC15W 单片机内部有辅助寄存器 AUXR（表 6-1-5）。单片机通电时，AUXR 默认为 0x01。

表 6-1-5 AUXR

SFR name	Address	bit	B7	B6	B5	B4	B3	B2	B1	B0
AUXR	8EH	name	T0x12	T1x12	UART_M0x6	T2R	T2_C/$\overline{T}$	T2x12	EXTRAM	S1ST2

S1ST2 是串口 1 选择 T2 作为波特率发生器的控制位。

S1ST2 为 0 时，选择定时器 1 作为串口 1 的波特率发生器。

S1ST2 为 1 时，选择定时器 2 作为串口 1 的波特率发生器，此时定时器 1 被释放，可以作为独立定时器使用。

本任务中使用定时器 1 作为波特率发生器，因此需要将 AUXR 中的 S1ST2 置 0。

T1x12 是定时器 1 速度控制位。

T1x12 为 0 时，定时器 1 的速度为传统 8051 的速度（12 分频）。

T1x12 为 1 时，定时器 1 的速度为传统 8051 的 12 倍，不分频。

6．波特率的计算

当单片机向计算机发送十六进制数 0XF3 时，用二进制形式表示为 0b11110011。在 UART 通信过程中，遵循低位先发、高位后发的原则，TXD 端首先拉高电平，持续一段时间，发送 1，然后继续拉高，再持续一段时间，又发送 1，然后拉低电平，持续一段时间，发送 0，直到数据全部发送完毕。

波特率是指发送二进制数据的速率（持续时间为 1/baud），用 baud 表示。在同步通信中，通信双方首先要使它们之间的波特率保持一致。例如，每秒传送 240 帧，而每帧包含 10 位（1 个起始位+1 个停止位+8 个数据位）。

$$10 \text{ 位/帧} \times 240 \text{ 帧/秒} = 2400 \text{bit/s}$$

通过编程可以对单片机串口设定 4 种工作方式，其中方式 0 和方式 2 的波特率是固定的，而方式 1 和方式 3 的波特率是可变的。波特率只能由定时器 1 或定时器 2 决定，不能由定时器 0 决定。

串口的 4 种工作方式对应三种波特率。由于输入时钟的来源不同，所以各种工作方式的波特率计算方法也不同，以下是 4 种工作方式波特率的计算方法。

方式 0 的波特率为 $f_{osc}/12$。

方式 1 的波特率为 $(2\text{SMOD}/32) \times$ (T1 溢出的频率)。

方式 2 的波特率为 $(2\text{SMOD}/64) \times f_{osc}$。

方式 3 的波特率为 $(2\text{SMOD}/32) \times$ (T1 溢出的频率)。

其中，f_{osc} 为系统晶振频率，通常为 12MHz 或 11.0592MHz；SMOD 是 PCON 的最高位。

7．定时器的初值和重装值

如图 6-1-8 所示，定时器的初值和重装值可以用 STC-ISP 自带的波特率计算器计算。

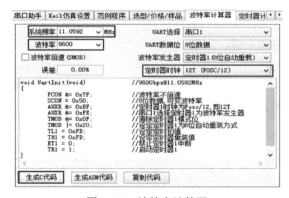

图 6-1-8　波特率计算器

根据需求选择系统频率、波特率、定时器时钟，选好后单击"生成 C 代码"按钮，就会显示串口的初始化代码。

8．串口助手的使用

在上位机中，可以使用 STC-ISP 自带的串口助手（图 6-1-9）向单片机发送数据（需要单击"发送数据"按钮来发送数据）和接收数据，在使用之前要先进行相应的设置。

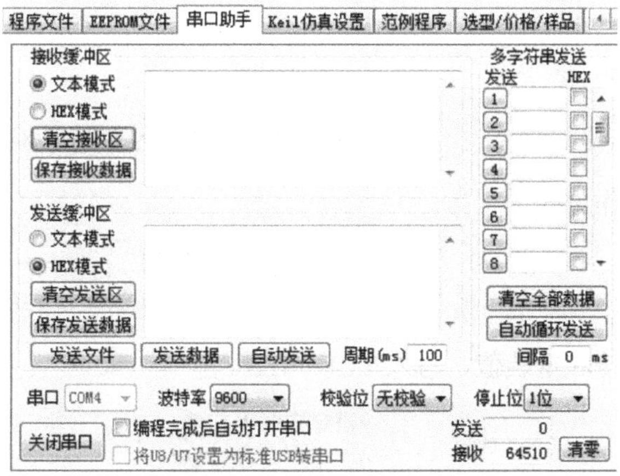

图 6-1-9　STC-ISP 自带的串口助手

（1）串口：选择的串口应与下载单片机程序时所选的串口一致。

（2）波特率：要与单片机串口初始化时所使用的波特率一致，即 9600。

（3）校验位、停止位：一般情况下选择默认值即可，如有需要，可以自行设置。

（4）接收缓冲区：选择"文本模式"。

（5）发送缓冲区：计算机发送给单片机的数据可以是字符或数值。当选择"文本模式"时，"5"是字符，对应的 ASCII 码为"0x35"；当选择"HEX 模式"时，"5"就是数值。

（6）自动循环发送：此功能可以每隔一段时间依次发送输入框中的所有数据，单击"自动发送"按钮后即启动自动发送功能。

（7）编程完成后自动打开串口：选中此项，每次下载完成后会自动打开串口助手指定的串口。

9．主要程序讲解

void Usart_Init(void)为串口初始化函数，为了使单片机和计算机能正常通信，首先要确保计算机的波特率和单片机的波特率一致。

```
1.    void Usart_Init(void)
2.    {
3.        PCON &= 0x7F;
4.        SCON = 0x50;              //8 位数据，可变波特率
5.        AUXR &= 0xFE;             //串口 1 选择定时器 1 为波特率发生器
6.        TMOD &= 0x0F;             //清除定时器 1 模式位
7.        TMOD |= 0x20;             //设定定时器 1 为 8 位自动重装方式
8.        TL1 = 0xFD;               //设定定时器初值
9.        TH1 = 0xFD;               //设定定时器重装值
10.       TR1 = 1;                  //启动定时器 1
```

11.	ES = 1;	//打开串口中断
12.	EA = 1;	//打开总中断
13.	}	

对串口进行初始化需要以下几步。

（1）设置电源管理寄存器。

| PCON &= 0x7F; | |

（2）确定串口工作方式。

| SCON = 0x50; | //设置串口工作方式为方式 1，8 位数据，可变波特率 |

（3）确定 T1 的工作方式。

| TMOD &= 0x0F; | //清除定时器 1 模式位 |
| TMOD \|= 0x20; | //设定定时器 1 为 8 位自动重装方式 |

（4）计算 T1 的初值和重装值，写入 TL1、TH1。

| TL1 = 0xFD; | //设定定时器初值 |
| TH1 = 0xFD; | //设定定时器重装值 |

（5）启动 T1。

| TR1 = 1; | //启动定时器 1 |

（6）设置串口中断。

| ES = 1; | //打开串口中断 |
| EA = 1; | //打开总中断 |

（7）设置 AUXR。

| AUXR &= 0xFE; | //串口 1 选择定时器 1 为波特率发生器 |

10. 主程序流程图

主程序流程图如图 6-1-10 所示。

测一测

（1）计算机通信分为_____和_____。

（2）异步通信是指通信的发送设备和接收设备使用_____控制数据的发送和接收过程，它们的工作是_____的。

（3）同步通信要建立发送方时钟对接收方时钟的_____，使双方达到完全_____。

（4）异步串行通信中应用最广泛的标准总线是_____。

（5）比特率表示每秒传输二进制代码的_____。

想一想

简述并行通信和串行通信数据传输的特点。

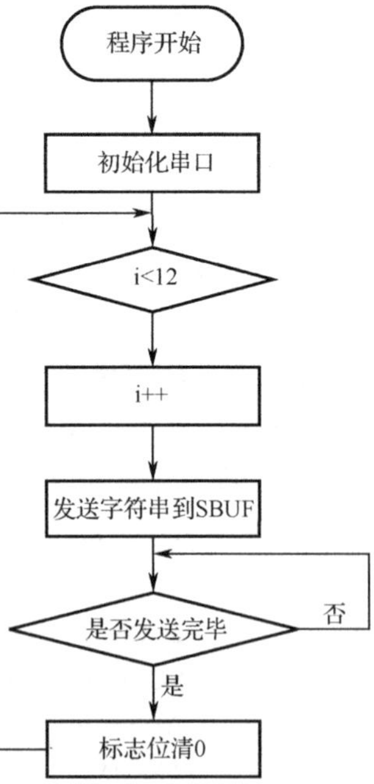

图 6-1-10　主程序流程图

任务实施

 设备与资源准备

任务实施前必须先准备好以下设备和资源。

序　号	设备/资源名称	数　量	是否准备到位
1	计算机	1	
2	NEWLab 实训平台	1	
3	单片机开发模块	1	
4	功能扩展模块	1	

 任务实施导航

本任务实施过程分成以下 5 步。

1. 通过串口线将 NEWLab 实训平台与计算机相连（图 6-1-11）

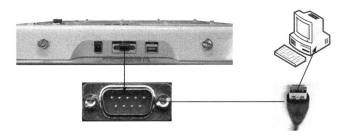

图 6-1-11　NEWLab 实训平台与计算机接线图

2. 建立工程

建立工程，在代码区内编写程序。

3. 编写串口程序

```
1.    unsigned char strTxHead[] = "yi fa song\r\n";
2.    unsigned char i;
3.    void Usart_Init(void)
4.    {
5.        PCON &= 0x7F;
6.        SCON = 0x50;              //8 位数据，可变波特率
7.        AUXR &= 0xFE;            //串口 1 选择定时器 1 为波特率发生器
8.        TMOD &= 0x0F;           //清除定时器 1 模式位
9.        TMOD |= 0x20;            //设定定时器 1 为 8 位自动重装方式
10.       TL1 = 0xFD;              //设定定时器初值
11.       TH1 = 0xFD;              //设定定时器重装值
12.       TR1 = 1;                //启动定时器 1
13.       ES  = 1;                //打开串口中断
```

```
14.        EA = 1;                    //打开总中断
15.    }
16.    void main()
17.    {
18.        Usart_Init();              //串口初始化
19.        while(1)
20.        {
21.            for(i=0;i<12;i++)      //发送字符串
22.            {
23.                SBUF=strTxHead[i];
24.                while(!TI);        //等待发送完成
25.                TI=0;
26.            }
27.        }
28.    }
```

4．程序编译、下载、测试

进行程序编译，编译无误后，通过 ISP 进行下载。

5．查看结果

打开串口助手，查看结果，如图 6-1-12 所示。

图 6-1-12　查看结果

任务检查与评价

详见本书配套资源。

任务小结

通过对单片机串口通信相关知识的学习，熟练掌握单片机串口通信的步骤、流程及程序编写方法；能根据流程图完成程序编写，最终实现单片机发送数据到计算机，计算机通过串口助手显示接收数据的功能。

任务拓展

参考本任务相关理论知识，自行编写代码，完成如下功能：
（1）改变单片机发送内容。
（2）改变单片机发送间隔。

6.2 任务 2 单片机串口接收数据

职业能力目标

● 能根据任务要求，认真查阅相关资料，掌握单片机通过串口接收计算机发送的数据的原理。
● 能根据功能需求，熟练编写单片机程序，完成计算机通过串口向单片机发送数据，单片机接收并显示的功能。

任务描述与要求

任务描述：XX 公司根据市场需求调研结果，决定研发一款新产品——电子日历，要求用数码管显示当前日、月、年等。该新产品分三期开发，研发部根据开发计划，现在要进行第二期开发，第二期开发计划要求单片机通过串口接收计算机发送的数据。

任务要求：
● 掌握单片机串口工作原理。
● 编写单片机程序，通过轮询、中断两种方式实现单片机通过串口接收计算机发送的数据。

任务分析与计划

根据所学相关知识，完成本任务的实施计划。

项目名称	电子日历
任务名称	单片机串口接收数据
计划方式	分组完成、团队合作、分析调研
计划要求	1. 能够按照连接图施工，完成各模块之间的连接
	2. 能搭建开发环境
	3. 能创建工作区和项目，完成代码编写
	4. 能完成单片机串口接收数据的代码调试和测试
	5. 能分析项目的执行结果，归纳所学的知识与技能

续表

序　号	主 要 步 骤
1	
2	
3	
4	
5	

 **知识储备**

1. 程序讲解

通过串口助手发送数据到单片机，单片机接收后增加数据头和数据尾，再发送给计算机并通过串口助手显示。RI 为接收数据标志位，其为高电平，代表已经有数据发送过来并接收完毕。接收到的数据存储在 SBUF 中，先将此数据存储在变量 ucRxData 中备用，接着将数组 strTxHead[i]所存储的内容发送到 SBUF，然后发送变量 ucRxData 到 SBUF，最后发送 strTxTail[i]所存储的内容。

```
1.      if( RI==1 )                     //接收数据
2.      {
3.          RI = 0;                      //接收数据标志位清 0
4.          ucRxData = SBUF;
5.          for(i=0;i<6;i++)            //发送字符串头
6.          {
7.              SBUF=strTxHead[i];
8.              while(!TI);             //等待发送完成
9.              TI=0;
10.         }
11.         SBUF = ucRxData;            //发送接收到的数据
12.         while(!TI);                 //等待发送完成
13.         TI = 0;
14.         for(i=0;i<3;i++)            //发送字符串尾
15.         {
16.             SBUF=strTxTail[i];
17.             while(!TI);            //等待发送完成
18.             TI=0;
19.         }
20.     }
```

以上程序通过轮询的方式进行传输，即通过查看 RI 来判断是否已经接收到数据。也可以通过中断的方式实现此功能，需要编写中断函数 Serial() interrupt 4，在中断函数中添加中断标志位 bTxEn 来判断是否已经接收到数据。接收数据后一定要禁止串口中断才可以继续发送数据。数据发送完毕后，也应该将 TI 清 0。具体代码如下。

```
1.      void Serial() interrupt 4           //串口中断服务程序
2.      {
3.          RI = 0;                          //接收数据标志位清 0
```

```
4.        ucRxData = SBUF;
5.        bTxEn = 1;                      //准备发送数据
6.    }
7.    void main()
8.    {
9.        Usart_Init();                   //串口初始化
10.       while(1)
11.       {
12.          if( bTxEn==1 )               //接收数据
13.          {
14.             bTxEn = 0;
15.             ES = 0;                    //禁止串口中断
16.             for(i=0;i<6;i++)          //发送字符串头
17.             {
18.                SBUF=strTxHead[i];
19.                while(!TI);            //等待发送完成
20.                TI=0;
21.             }
22.             SBUF = ucRxData;           //发送接收到的数据
23.             while(!TI);               //等待发送完成
24.             TI = 0;
25.             for(i=0;i<3;i++)          //发送字符串尾
26.             {
27.                SBUF=strTxTail[i];
28.                while(!TI);            //等待发送完成
29.                TI = 0;
30.             }
31.             ES = 1;                    //打开串口中断，以便串口接收数据
32.          }
33.       }
34.    }
```

2．程序流程图

程序流程图如图 6-2-1 所示。

图 6-2-1　程序流程图

流程图节点：程序开始 → 初始化串口 → 串口接收数据 → 接收数据标志位清0 → 接收数据并存入变量 ucRxData中 → 发送字符串头 → 等待发送完成 → 发送已接收的数据 → 等待发送完成 → 发送字符串尾 → 等待发送完成

测一测

（1）SCON 用于设定串口的工作方式、_____及_____。

（2）串口工作的 4 种方式为_____、_____、_____和_____。

想一想

在串口的工作方式 1 中，满足什么条件后接收的数据可装入 SBUF？

任务实施

　　设备与资源准备

任务实施前必须先准备好以下设备和资源。

単片机技术及应用

序号	设备/资源名称	数量	是否准备到位
1	计算机	1	
2	NEWLab 实训平台	1	
3	单片机开发模块	1	

任务实施导航

本任务实施过程分成以下 5 步。

1. 搭建硬件环境

将相关设备与计算机连接。

2. 建立工程

建立工程，在代码区内编写程序。

3. 编写程序

通过轮询的方式完成单片机串口接收数据，具体代码如下。

```
1.   #include "STC15xxx.h"
2.   unsigned char strTxHead[] = "I get ";
3.   unsigned char strTxTail[] = "!\r\n";
4.   unsigned char i, ucRxData;
5.   void Usart_Init(void)
6.   {
7.       PCON &= 0x7F;
8.       SCON = 0x50;              //8 位数据，可变波特率
9.       AUXR &= 0xFE;             //串口 1 选择定时器 1 为波特率发生器
10.      TMOD &= 0x0F;             //清除定时器 1 模式位
11.      TMOD |= 0x20;             //设定定时器 1 为 8 位自动重装方式
12.      TL1 = 0xFD;               //设定定时器初值
13.      TH1 = 0xFD;               //设定定时器重装值
14.      TR1 = 1;                  //启动定时器 1
15.      ES = 1;                   //打开串口中断
16.      EA = 0;                   //关闭总中断
17.  }
18.  void main()
19.  {
20.      Usart_Init();             //串口初始化
21.      while(1)
22.      {
23.          if( RI==1 )           //接收数据完毕
24.      {   RI = 0;               //接收数据标志位清 0
25.          ucRxData = SBUF;
26.          for(i=0;i<6;i++)      //发送字符串头
27.          {
28.              SBUF=strTxHead[i];
29.              while(!TI);       //等待发送完成
```

126

```
30.                        TI=0;
31.                    }
32.                    SBUF = ucRxData;              //发送接收到的数据
33.                    while(!TI);                    //等待发送完成
34.                    TI = 0;
35.                    for(i=0;i<3;i++)              //发送字符串尾
36.                    {
37.                        SBUF=strTxTail[i];
38.                        while(!TI);              //等待发送完成
39.                        TI=0;
40.                    }
41.                }
42.        }
43.    }
```

通过中断的方式完成单片机串口接收数据，具体代码如下。

```
35.  #include "STC15xxx.h"
36.  bit bTxEn;
37.  unsigned char strTxHead[] = "I get ";
38.  unsigned char strTxTail[] = "!\r\n";
39.  unsigned char i,  ucRxData;
40.    void Usart_Init(void)
41.  {
42.      PCON &= 0x7F;
43.      SCON = 0x50;                    //8 位数据，可变波特率
44.      AUXR &= 0xFE;                   //串口 1 选择定时器 1 为波特率发生器
45.      TMOD &= 0x0F;                   //清除定时器 1 模式位
46.      TMOD |= 0x20;                   //设定定时器 1 为 8 位自动重装方式
47.      TL1 = 0xFD;                     //设定定时器初值
48.      TH1 = 0xFD;                     //设定定时器重装值
49.      TR1 = 1;                        //启动定时器 1
50.       ES = 1;                        //打开串口中断
51.      EA = 1;                         //打开总中断
52.  }
53.    void main()
54.  {
55.      Usart_Init();                   //串口初始化
56.      while(1)
57.      {
58.          if( bTxEn==1 )              //发送数据
59.          {
60.              bTxEn = 0;
61.              ES = 0;                 //禁止串口中断
62.              for(i=0;i<6;i++)        //发送字符串头
63.              {
64.                  SBUF=strTxHead[i];
65.                  while(!TI);         //等待发送完成
```

```
66.              TI=0;
67.          }
68.          SBUF = ucRxData;              //发送接收到的数据
69.          while(!TI);                   //等待发送完成
70.          TI = 0;
71.          for(i=0;i<3;i++)              //发送字符串尾
72.          {
73.              SBUF=strTxTail[i];
74.              while(!TI);              //等待发送完成
75.              TI=0;
76.          }
77.          ES = 1;                       //打开串口中断，以便串口接收数据
78.      }
79.   }
80. }
81. void Serial() interrupt 4             //串口中断服务程序
82. {
83.      RI = 0;                           //接收数据标志位清 0
84.      ucRxData = SBUF;
85.      bTxEn = 1;                        //准备发送数据
86. }
```

4．程序编译、下载、测试

进行程序编译，编译无误后，通过 ISP 进行下载。

5．查看结果

打开串口助手，查看结果，如图 6-2-2 所示。

图 6-2-2　查看结果

 任务检查与评价

详见本书配套资源。

任务小结

通过对单片机串口通信相关知识的学习，熟练掌握单片机串口接收数据的原理；能完成程序编写，最终实现单片机接收计算机发送的数据，并通过串口助手显示的功能。

 任务拓展

参考本任务相关理论知识，自行编写代码，完成如下功能：

修改串口收发的内容，如上位机发送"27"，在接收窗口可以看到下位机接收的字符串"我的座号是 27 号！"。

6.3 任务 3 通过 RTC 实现电子日历功能

 职业能力目标

- 能根据任务要求，认真查阅相关资料，掌握单片机通过实时时钟（RTC）获取精确实时时间的工作原理。
- 能根据功能需求，编写程序实现单片机通过 I^2C 总线获取外部实时时钟的功能。

 任务描述与要求

任务描述：XX 公司根据市场需求调研结果，决定研发一款新产品——电子日历，要求用数码管显示当前日、月、年等。该新产品分三期开发，研发部根据开发计划，现在要进行第三期开发，第三期开发须实现电子日历功能。

任务要求：
- 掌握 I^2C 总线和 PCF8563 的工作原理。
- 编写单片机程序，通过 I^2C 总线获取实时时钟，实现电子日历的功能。

 任务分析与计划

根据所学相关知识，完成本任务的实施计划。

项目名称	电子日历
任务名称	通过 RTC 实现电子日历功能
计划方式	分组完成、团队合作、分析调研
计划要求	1. 能够按照连接图施工，完成各模块之间的连接 2. 能搭建开发环境 3. 能创建工作区和项目，完成代码编写

续表

计划要求	4. 能完成电子日历的代码调试和测试
	5. 能分析项目的执行结果，归纳所学的知识与技能
序　号	主 要 步 骤
1	
2	
3	
4	
5	

 知识储备

1. RTC 简介

RTC（Real-Time Clock）即实时时钟，是指可以像时钟一样输出实际时间的电子设备，通常为集成电路，因此也称实时时钟芯片。实时时钟芯片是日常生活中应用广泛的消费类电子产品。它能提供精确的实时时间，也可以为电子系统（单片机）提供精确的时间基准，目前实时时钟芯片大多采用精度较高的晶体振荡器作为时钟源。

RTC 可以提供稳定的时钟信号供电子系统使用，有以下优点：

（1）消耗功率低；

（2）可提供精确时间，提高单片机处理器的效率。

2. PCF8563 简介

PCF8563 是低功耗的 CMOS 实时时钟芯片。它提供一个可编程时钟输出、一个中断输出和掉电检测器。所有的地址和数据通过 I²C 总线接口传输，最大传输速率为 400kbit/s。如图 6-3-1 所示为 PCF8563 芯片及模块。

（a）芯片　　　　（b）模块

图 6-3-1　PCF8563 芯片及模块

3. PCF8563 引脚说明

PCF8563 引脚排列图如图 6-3-2 所示。

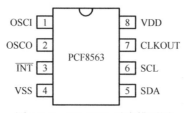

图 6-3-2　PCF8563 引脚排列图

PCF8563 引脚说明见表 6-3-1。

表 6-3-1　PCF8563 引脚说明

符　号	引脚号	说　明
OSCI	1	振荡器输入
OSCO	2	振荡器输出
$\overline{\text{INT}}$	3	中断输出（开漏，低电平有效）
VSS	4	地
SDA	5	串行数据 I/O
SCL	6	串行时钟输入
CLKOUT	7	时钟输出（开漏）
VDD	8	电源

4．PCF8563 功能描述

1）报警功能模式

通过对报警寄存器最高位 AE（报警使能位）进行设置，可产生从每分钟至每周一次的报警。通过对报警标志位 AF 进行设置（置为高电平），可产生中断。

2）定时器模式

通过定时器控制寄存器可选择定时器的时钟源频率和启用/禁用计时器。与 STC15W 单片机定时器功能相同，从 8 位二进制数开始倒计时，倒计时结束时，定时器标志位 TF 自动置为高电平，产生中断。

3）时钟输出

时钟输出端可输出 32.768kHz、1024Hz、32Hz 和 1Hz 的方波。CLKOUT 引脚为开漏输出，禁用时引脚为高阻抗。

4）复位

PCF8563 内部有复位电路。当振荡器停止工作时，复位电路被激活。在复位状态下，I^2C 总线初始化，寄存器 VL、TD1、TD0、TESTC 和 AE 被置为高电平，其他寄存器和地址指针被置为低电平。

5．PCF8563 的寄存器

PCF8563 内部有 16 个 8 位寄存器，包括可自动增量的地址递增寄存器、电容振荡器、实时时钟分频器、可编程的时钟输出、定时器、报警器、低压检测器和频率为 400kHz 的 I^2C 接口等。

16 个寄存器都可以设置为可寻址的 8 位并行寄存器。内存地址为 00H 和 01H 的寄存器为控制寄存器和状态寄存器。内存地址为 02H～08H 的寄存器是具有时钟功能的计数器。内存地址为 09H～0CH 的寄存器是报警寄存器，用于定义报警条件。内存地址为 0DH 的寄存器用于控制 CLKOUT 的输出频率。内存地址为 0EH 的寄存器为定时器控制寄存器。内存地址为 0FH 的寄存器为定时寄存器。

1）控制/状态寄存器 1（内存地址 00H）（表 6-3-2）

表 6-3-2　控制/状态寄存器 1

位	符号	描述
7	TEST1	TEST1=0：常规模式 TEST1=1：EXT_CLK 测试模式
5	STOP	STOP=0：RTC 运行 STOP=1：所有 RTC 分频器触发器异步清 0，RTC 停止（CLKOUT 引脚的 32.768kHz 仍可用）
3	TESTC	TESTC=0：上电复位功能禁用（常规模式下清 0） TESTC=1：上电复位功能有效
0、1、2、4、6	0	默认值为 0

2）控制/状态寄存器 2（内存地址 01H）（表 6-3-3）

表 6-3-3　控制/状态寄存器 2

位	符号	描述
5、6、7	0	默认值为 0
4	TI/TP	TI/TP = 0：当 TF 有效时，INT 有效（取决于 TIE 的状态） TI/TP = 1：INT 脉冲有效（取决于 TIE 的状态） 注意：若 AF 和 AIE 有效，则 INT 一直有效
3	AF	当报警发生时，AF 置 1
2	TF	计时器倒计时结束时，TF 置 1 如果定时器和报警器同时产生中断，则通过读该位判断是哪个中断源
1	AIE	AIE = 0：报警器中断无效 AIE = 1：报警器中断有效
0	TIE	TIE = 0：定时器中断无效 TIE = 1：定时器中断有效

3）秒、分和时寄存器

（1）秒寄存器位描述（地址 02H）（表 6-3-4）。

表 6-3-4　秒寄存器位描述

位	符号	描述
7	VL	VL=0：保证准确的时钟/日历数据 VL=1：不保证准确的时钟/日历数据
6～0	<秒>	代表 BCD 格式的当前秒数值，值为 00～99 例如：1011001 代表 59 秒

（2）分寄存器位描述（地址 03H）（表 6-3-5）。

表 6-3-5　分寄存器位描述

位	符　号	描　　述
7	—	无效
6～0	<分钟>	代表 BCD 格式的当前分钟数值，值为 00～59

（3）时寄存器位描述（地址 04H）（表 6-3-6）。

表 6-3-6　时寄存器位描述

位	符　号	描　　述
7、6	—	无效
5～0	<小时>	代表 BCD 格式的当前小时数值，值为 00～23

4）日、星期、月/世纪和年寄存器

（1）日寄存器位描述（地址 05H）（表 6-3-7）。

表 6-3-7　日寄存器位描述

位	符　号	描　　述
7、6	—	无效
5～0	<日>	代表 BCD 格式的当前日数值，值为 00～31。如果是闰年，PCF8563 会自动给二月增加一个值，使其成为 29 天

（2）星期寄存器位描述（地址 06H）（表 6-3-8）。

表 6-3-8　星期寄存器位描述

位	符　号	描　　述
7～3	—	无效
2～0	<星期>	代表当前星期数值 0～6，这些位可由用户重新分配

（3）星期分配表（表 6-3-9）。

表 6-3-9　星期分配表

星期	Bit2	Bit1	Bit0
星期日	0	0	0
星期一	0	0	1
星期二	0	1	0
星期三	0	1	1
星期四	1	0	0
星期五	1	0	1
星期六	1	1	0

单片机技术 及 应用

（4）月/世纪寄存器位描述（地址 07H）（表 6-3-10）。

表 6-3-10　月/世纪寄存器位描述

位	符　号	描　　述
7	C	世纪位：C=0 指定世纪数为 20xx，C=1 指定世纪数为 19xx，"xx" 为年寄存器中的值，当年寄存器中的值由 99 变为 00 时，世纪位会改变
6、5	—	无效
4～0	<月>	代表 BCD 格式的当前月份，值为 01～12

（5）月分配表（表 6-3-11）。

表 6-3-11　月分配表

月份	Bit4	Bit3	Bit2	Bit1	Bit0
一月	0	0	0	0	1
二月	0	0	0	1	0
三月	0	0	0	1	1
四月	0	0	1	0	0
五月	0	0	1	0	1
六月	0	0	1	1	0
七月	0	0	1	1	1
八月	0	1	0	0	0
九月	0	1	0	0	1
十月	1	0	0	0	0
十一月	1	0	0	0	1
十二月	1	0	0	1	0

（6）年寄存器位描述（地址 08H）（表 6-3-12）。

表 6-3-12　年寄存器位描述

位	符　号	描　　述
7～0	<年>	代表 BCD 格式的当前年份，值为 00～99

6．PCF8563 的硬件电路

如图 6-3-3 所示，模块 U5 即 PCF8563，它的 SCL 和 SDA 连接到单片机的 I/O 口，在 I²C 总线中 SDA 为双向数据线，SCL 为时钟线。当系统电源断电时，由锂电池 BT1 为 PCF8563 供电。

7．I²C 总线介绍

I²C 总线（Inter IC Bus）是由 Philips 公司推出的芯片间的串行通信总线，是近年来微电子、通信控制领域广泛采用的一种新型总线标准。它是同步通信的一种特殊形式，具有接线少、控制简单、器件封装体积小、通信速率较大等优点。

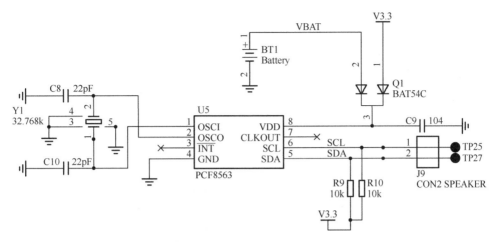

图 6-3-3　PCF8563 的硬件电路

I²C 总线由数据线 SDA 和时钟线 SCL 两条线构成通信线路，既可发送数据，也可接收数据。这两条线必须通过上拉电阻连接至电源。数据传输只能在总线不忙时启动。

在信息传输过程中，I²C 总线上并联的每个器件根据其功能的不同，既可以是被控器（或主控器），又可以是发送器（或接收器）。CPU 发出的控制信号分为地址码和数据码两部分。地址码用来选址。数据码用来传输信息，即通信的内容。

8．I²C 总线硬件结构

如图 6-3-4 所示为 I²C 总线硬件结构图，其中，SCL 是时钟线，SDA 是数据线。总线上各器件都采用漏极开路（高阻态）结构与总线相连，因此 SCL 和 SDA 均须接上拉电阻，以保持总线在空闲状态下 SCL 和 SDA 为高电平。当总线上的任一器件输出为低电平时，总线的信号被拉低。

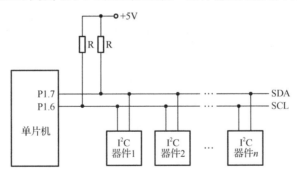

图 6-3-4　I²C 总线硬件结构图

9．I²C 总线规程

1）系统配置

产生信息的器件称为"发送机"，接收信息的器件称为"接收机"。控制信息的器件称为"主机"，被控制的器件称为"从机"。I²C 器件主从关系图如图 6-3-5 所示。

2）数据位的有效性规定

I²C 总线进行数据传输时，数据位在每个时钟脉冲期间传输，时钟信号为高电平期间，SDA 上的数据必须保持稳定（如果数据线有变化则被当作控制信号），只有在时钟信号为低电平期间，数据线上的高电平或低电平状态才允许变化，位传输时序图如图 6-3-6 所示。

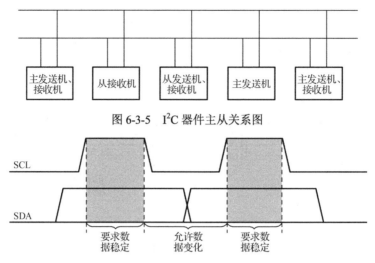

图 6-3-5 I²C 器件主从关系图

图 6-3-6 位传输时序图

3）启动/停止信号

I²C 总线进行数据传输时，首先由主机发出启动信号，启动 I²C 总线。在 SCL 为高电平期间，SDA 出现下降沿变化（高电平向低电平跳变）时，I²C 总线接口的器件会检测到该信号并准备传输数据。在 SCL 为高电平期间，SDA 出现上升沿变化（低电平向高电平跳变）时发出停止信号。启动/停止时序如图 6-3-7 所示。

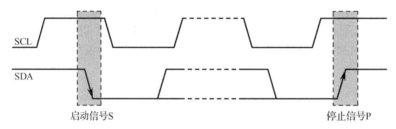

图 6-3-7 启动/停止时序

4）应答信号

I²C 总线协议规定，每传输一字节数据后紧跟一个应答位（应答信号），以确定数据是否被对方收到。应答信号由接收设备（从机）产生，在 SCL 为高电平期间，接收设备将 SDA 拉为低电平，表示数据传输正常，产生应答。I²C 协议主从应答时序图如图 6-3-8 所示。

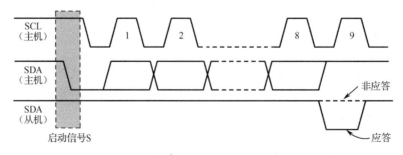

图 6-3-8 I²C 协议主从应答时序图

10．RTC 与计算机的通信

1）通信方式

采用双工串口，波特率为 9600，数据位为 8 位，停止位为 1 位，无校验位，无流控制。

2）数据包格式

数据包格式为 HEAD + LEN + MODEL + CMD + [DATA] + CHK，见表 6-3-13。

表 6-3-13　数据包格式

位　置	注　释	备　注
HEAD	数据头	固定为 0xFE
LEN	数据包长度	占一字节，为从 LEN 开始到 CHK 前一字节的所有字节数
MODEL	模块号	0x14
CMD	命令码	0x01 表示写，0x02 表示读
[DATA]	数据域	可变长度
CHK	校验码	从 LEN 开始到 CHK 前一字节的所有字节依次相加、取反、再加 1

3）下位机回复（表 6-3-14）

表 6-3-14　下位机回复

位　置	注　释	备　注
HEAD	数据头	固定为 0xFE
LEN	数据包长度	占一字节，从 LEN 开始到 CHK 前一字节的所有字节数
MODEL	模块号	0x14
CMD	命令码	0x01 表示写，0x02 表示读
[DATA]	数据域	RLY+YH+YL+MM+DD+HH+MN+SS RLY 可取如下数值： 00 表示成功 01 表示操作超时 02 表示数据错误 03 表示非法命令 其他
CHK	校验码	从 LEN 开始到 CHK 前一字节的所有字节依次相加、取反、再加 1

11．程序流程图

如图 6-3-9 所示，程序开始后，首先初始化定时器、串口、RTC，然后通过串口 I²C 总线读取 RTC 数据。如果 RTC 正常，则读取 RTC 提供的数据并显示。如果不正常，则等待 RTC 正常后读取数据。

12．主要程序讲解

I2C.c 文件是 I²C 总线驱动程序，此部分内容不要求完全理解，可直接使用，熟悉接口即可。它主要包含以下函数（接口）。

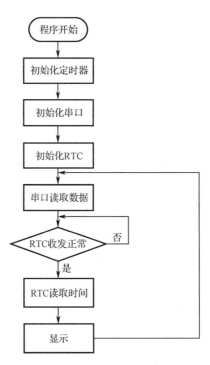

图 6-3-9   程序流程图

sbit SDA = P3^0;	//定义 P3.0 为 SDA 总线
sbit SCL = P3^1;	//定义 P3.1 为 SCL 总线
void I2C_Start(void);	//启动 I^{2}C 总线
void I2C_Stop(void);	//停止 I^{2}C 总线
void I2C_ACK(void);	//对 I^{2}C 总线产生应答
void I2C_NoAck(void);	//对 I^{2}C 总线不产生应答
uchar I2C_RecAck(void);	//检查 I^{2}C 应答位
uchar I2C_ReadByte(void);	//从 I^{2}C 总线读取一字节数据
void I2C_WriteByte(uchar wdata);	//向 I^{2}C 总线写入一字节数据
void I2C_WriteSlaveAddr(uchar ucSlaAddr);	//向 I^{2}C 总线写入从机地址

PCF8563.C 文件是 PCF8563 的驱动程序，其中包含以下函数（接口）。

void PCF8563_ReadBytes(uchar ucStartAddr,uchar *buf,uchar count);	//从 PCF8563 中读取一字节
void PCF8563_WriteByte(uchar address,uchar mdata);	//向 PCF8563 写入一字节
void PCF8563_Start(void);	//启动 PCF8563 芯片
void PCF8563_GetTime(uchar *ptr);	//从 PCF8563 中读取时间
void PCF8563_WirteTime(uchar *ptr);	//向 PCF8563 写入时间
uchar PCF8563_Init(void);	//对 PCF8563 进行初始化
uchar Convert_BcdToHex(uchar *bcd, uchar *hex);	//将 BCD 码转换成二进制数
uchar Time_CheckValidity(uchar *rtc);	//时间合法性检查

time.c 文件是定时器驱动程序。

UART.c 文件是串口驱动程序，包括以下函数（接口）。

void UART_Init(void);	//初始化串口 1，波特率为 9600
void UART_SendOneChar(unsigned char ucData);	//发送一个字符

void UART_SendString(unsigned char *ucStr); //发送一个字符串

Main.c 文件为主函数。

uchar bcd_dec(uchar bat); //将 BCD 码转换成十进制数
void displaynum(u8 x,u8 y,u8 buf); //液晶屏显示函数

```
1.   void displaynum(u8 x,u8 y,u8 buf)        //显示一位数字
2.   {
3.        u8 uiCol;
4.        buf=buf+16;
5.        for(uiCol=0; uiCol<16; uiCol++)      //显示一个 ASCII 字符，16~25 对应 0~9
6.        {
7.             Disp_16x8(x, y, AsciiTable+buf*16);
8.        }
9.   }
```

測一測

（1）RTC 是指可以像时钟一样输出_____的电子设备。

（2）PCF8563 的功能有报警、定时、_____及_____。

想一想

（1）RTC 可以为电子系统提供稳定的时钟信号，它有哪些优点？

（2）PCF8563 内部一个 RTC 被读取时，其他寄存器的内容需要如何处理才能避免读取时钟和日历时发生错误？

任务实施

设备与资源准备

任务实施前必须先准备好以下设备和资源。

序　号	设备/资源名称	数　量	是否准备到位
1	计算机	1	
2	NEWLab 实训平台	1	
3	单片机开发模块	1	
4	功能扩展模块	1	
5	显示模块	1	

任务实施导航

本任务实施过程分成以下 5 步。

1．搭建硬件环境

1）单片机开发模块与 PCF8563 的连接

单片机的 P3.0 接 PCF8563 的 J9 接口的 SDA。

单片机的 P3.1 接 PCF8563 的 J9 接口的 SCL。

2）单片机开发模块与显示模块的连接

单片机的 P0.0～P0.7 连接显示模块的 DB0～DB7；显示模块的 RS 接单片机的 P2.1，RW 接 P2.2，E 接 P2.3，CS1 接 P2.4，CS2 接 P2.5，RST 接 P2.6，LEDA 接 P2.7。接线图如图 6-3-10 所示。

图 6-3-10　接线图

2．建立工程

建立工程，在代码区编写程序。

3．编写程序

详见本书配套资源。

4．程序编译、下载、测试

进行程序编译，编译无误后，通过 ISP 进行下载。

5．查看结果

查看结果，如图 6-3-11 所示。

图 6-3-11　查看结果

 任务检查与评价

详见本书配套资源。

 **任务小结**

通过对单片机串口通信和 I^2C 总线相关知识的学习，熟练掌握单片机与 RTC 通信的原理，完成程序编写，最终实现电子日历的功能。

 任务拓展

参考本任务相关理论知识，自行编写代码，完成如下功能：

（1）修改显示内容为年、月、日。

（2）加入键盘模块和按键复位功能。

项目七 简易电子秤

引导案例

电子秤实物图如图 7-0-1 所示。电子秤硬件接线图如图 7-0-2 所示，称重传感模块模拟电子秤称重平台，用于检测物体质量；键盘模块模拟电子秤按键；显示模块模拟电子秤显示屏；单片机开发模块模拟电子秤处理器，实现计算、存储等功能。

图 7-0-1　电子秤实物图

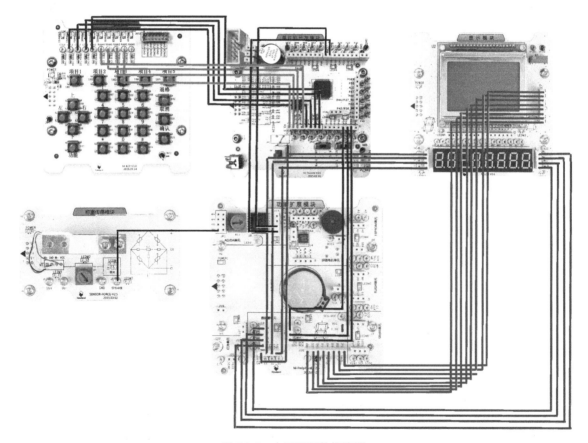

图 7-0-2　电子秤硬件接线图

7.1 任务 1 通过单片机实现 A/D 采集功能

职业能力目标

- 能根据任务要求,认真查阅相关资料,掌握 A/D 采集的工作原理。
- 能根据功能需求,熟练编写程序,实现单片机通过 I^2C 总线获取 A/D 采集数据的功能。

任务描述与要求

任务描述: XX 公司根据市场需求调研结果,决定研发一款新产品——电子秤,要求制作一款可以称重、输入单价、计算总价的简易电子秤。该新产品分两期开发,根据开发计划,现在需要进行第一期开发。第一期开发须完成单片机获取 A/D 采集数据并显示。

任务要求:
- 掌握 I^2C 总线和 PCF8591 的工作原理。
- 能编写单片机程序,通过 I^2C 总线获取 A/D 采集数据并显示。

任务分析与计划

根据所学相关知识,完成本任务的实施计划。

项目名称	简易电子秤	
任务名称	通过单片机实现 A/D 采集功能	
计划方式	分组完成、团队合作、分析调研	
计划要求	1. 能够按照连接图施工,完成各模块之间的连接	
	2. 能搭建开发环境	
	3. 能创建工作区和项目,完成代码编写	
	4. 能完成单片机进行 A/D 采集的代码调试和测试	
	5. 能分析项目的执行结果,归纳所学的知识与技能	
序 号	主 要 步 骤	
1		
2		
3		
4		
5		

1. 电阻应变片

电阻应变式传感器是基于物体受力变形产生应变的一种传感器，最常用的传感元件为电阻应变片。它将被测量的变化转换成电阻值的变化，再经过转换电路变成电信号输出。它具有结构简单，使用方便，性能稳定、可靠，测量速度快等优点。

1）电阻应变片的结构

电阻应变片主要有金属和半导体两类，金属应变片分为金属丝式、箔式、薄膜式。半导体应变片具有灵敏度高、横向效应小等优点。电阻应变片的结构如图 7-1-1 所示。

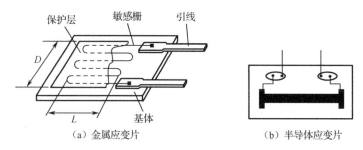

（a）金属应变片　　　　　　　（b）半导体应变片

图 7-1-1　电阻应变片的结构

2）电阻的应变效应

金属导体在外力作用下发生机械变形时，其电阻值随着机械变形（伸长或缩短）而发生变化的现象，称为电阻的应变效应。利用电阻的应变效应可测量应变、应力、力矩、位移、加速度、扭矩等物理量。

2. 电阻应变式传感器

电阻应变式传感器是在弹性元件上通过特定工艺粘贴电阻应变片而构成的。如图 7-1-2 所示为电阻应变式传感器，在弹性元件上粘贴了 4 个电阻应变片。

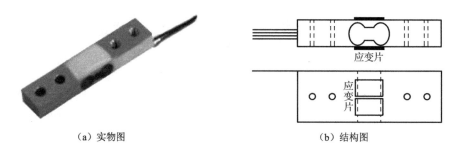

（a）实物图　　　　　　　（b）结构图

图 7-1-2　电阻应变式传感器

在实际应用中，电阻应变式传感器多采用由 4 个阻值相等的应变片构成的电桥，它的输出灵敏度最高，非线性误差最小。4 个相同的电阻应变片分别粘贴在弹性元件正反两面上，4 个应变片构成电桥的四臂，当弹性元件受到外力作用时，正面两个受到拉应力，反面两个受到压应力，实现差动工作。

3. 电阻应变式传感器的测量电路

在实际应用中，4个电阻应变片的阻值不可能做到绝对相等，导线电阻和接触电阻也有差异，增加补偿措施会使系统更为复杂，因此电阻应变式传感器的电桥在实际测量时必须调节电阻平衡。如图7-1-3所示为电阻应变式传感器的测量电路。电位器 R_W 和电桥组成平衡网络，通过调节 R_W 使得电桥输出为0，实现电桥电路平衡。当有应力时，电桥电路中4个电阻应变片阻值发生相应变化，电桥失去平衡，电路输出差动信号。

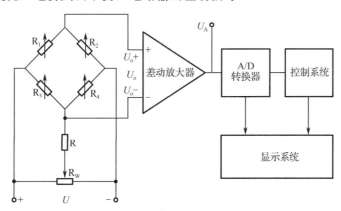

图 7-1-3 电阻应变式传感器的测量电路

直流电桥输出的差动信号较小，不便于测量，一般通过差动放大器将其放大后，再利用仪表进行测量，或者将信号经 A/D 转换器转换后由控制系统进行判断并显示。

4. 模拟量与数字量

信号的幅值随着时间变化而连续变化的量是模拟量，电子线路中的模拟量通常包括模拟电压和模拟电流。生活中常见的模拟量有温度、压力、位移、图像等。

数字量是用一系列 0 和 1 组成的二进制代码表示某个信号大小的量。单片机系统内部运算时用的都是数字量，即 0 和 1。因此对单片机系统而言，无法直接操作模拟量，必须将模拟量转换成数字量。用数字量表示同一个模拟量时，数字位数可以多也可以少，位数越多表示的精度越高，位数越少则表示的精度越低。

单片机在采集模拟信号时，通常要在前端加上模拟量/数字量转换器，即 A/D 转换器。当单片机输出模拟信号时，通常在输出级要加上 A/D 转换器。

5. A/D 转换原理

在 A/D 转换器中，因为输入的模拟信号在时间上连续，输出的数字信号离散，所以 A/D 转换器在进行转换时，必须在选定的瞬间（时间坐标轴上的一些规定点上）对输入的模拟信号采样，然后把这些采样值转换为数字量。因此，A/D 转换过程包含采样、保持、量化和编码四个步骤。

在某些特定的时刻对这种模拟信号进行测量称为采样，通常采样脉冲的宽度不大，所以采样输出信号是断续的窄脉冲。要把一个采样输出信号数字化，需要将采样输出的瞬时模拟信号保持一段时间，这就是保持。量化是将保持的采样信号转换成离散的数字信号。编码是将量化后的信号编码成二进制代码并输出。这些过程有些是合并进行的。例如，采样和保持就利用一个电路连续完成，量化和编码也可在转换过程中同时实现。

A/D 转换器的转换方式可以分为直接法和间接法。

直接法是将一套基准电压与采样保持电压进行比较，从而直接将模拟量转换成数字量。其特点是工作速度快，转换精度容易保证，校准也比较方便。这类 A/D 转换器有计数型、逐次比较（逐次逼近）型、并行比较型等。逐次比较转换过程是将输入模拟信号与不同的参考电压做多次比较，使转换所得的数字量在数值上逐次逼近输入模拟量的对应值。

间接法是将取样后的模拟信号先转换成中间变量——时间或频率，再将时间或频率转换成数字量。其特点是工作速度较慢，但转换精度较高，抗干扰性强。这类 A/D 转换器有单次积分型、双积分型等。

6．A/D 转换器的主要性能指标

1）分辨率

分辨率表明 A/D 转换器对模拟输入信号的分辨能力，即能被辨别的最小的模拟量变化。通常 A/D 转换器的位数越多，分辨率越高。

2）量化误差

量化误差是在 A/D 转换过程中由于量化产生的固有误差。一般来说，量化后输出的数字信号值以"LSB=1"所对应的电压值步进，低于该值的电压将按照一定的规则进行入位或舍弃，这个过程中造成的误差称为量化误差。

例如，一个 8 位 A/D 转换器，它把输入电压信号分成 $2^8=256$ 层，若它的量程为 0～5V，那么量化单位的计算公式如下：

$$x = \frac{5}{256} \approx 0.0195V = 19.5mV$$

x 的值为输出的数字量中最低位 LSB=1 时所对应的电压值。此时数字量信号值以 19.5mV 步进，即 19.5mV 为最小单位。如果量化中出现的电压为 10mV，则可能将其作为 19.5mV 进行处理，即产生量化误差。

3）转换时间

转换时间是 A/D 转换器完成一次转换所需要的时间。一般转换速度越快越好，有高速（转换时间<1μs）、中速（转换时间<1ms）和低速（转换时间<1s）等。

7．PCF8591 芯片介绍

1）概述

PCF8591 是一款具有 A/D 和 D/A 两种转换功能的芯片。PCF8591 实物如图 7-1-4 所示。

图 7-1-4　PCF8591 实物

PCF8591 具有 4 个模拟输入、1 个模拟输出和 1 个串行 I^2C 总线接口。PCF8591 的 3 个地址引脚 A0、A1 和 A2 用于硬件地址编程。PCF8591 的输入/输出地址、控制信号和数据信号都

通过 I^{2}C 总线以串行的方式进行传输。

PCF8591 通过 AIN 端口输入模拟电压，将转换后的数字量通过 I^{2}C 总线发送给单片机进行处理，完成 A/D 转换。单片机也可以通过 I^{2}C 总线发送数字量到 PCF8591，经过处理后通过 AOUT 端口将模拟电压输出，完成 D/A 转换。

2）引脚说明

如图 7-1-5 所示为 PCF8591 引脚接线图，其中引脚 1、2、3、4 是 4 路模拟信号输入，引脚 5、6、7 是 PC 总线的硬件地址，8 脚是数字地（GND），9 脚和 10 脚是 I^{2}C 总线的 SDA 和 SCL。引脚 12 是时钟选择端，接高电平表示采用外部时钟，接低电平则表示采用内部时钟。本任务使用内部时钟，因此引脚 12 接地，同时引脚 11 悬空。引脚 13 是模拟地（AGND）。在高频电路中，布线和元件间的寄生电感及分布电容将造成各接地线间的耦合，故一般采用多点接地。引脚 14 是电压基准源，为芯片提供基准电压。引脚 15 为模拟输出。引脚 16 为供电电源。

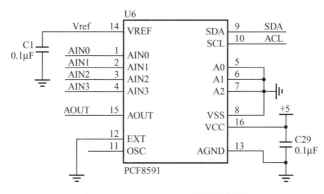

图 7-1-5 PCF8591 引脚接线图

8．PCF8591 的寄存器

PCF8591 基于 I^{2}C 总线进行通信，通信须满足 I^{2}C 总线协议。I^{2}C 总线协议规定，发送给 PCF8591 的第一字节必须为所连接器件的地址；发送给 PCF8591 的第二字节被存储在 PCF8591 的控制寄存器中，用于控制 PCF8591 工作；发送给 PCF8591 的第三字节被存储在 PCF8591 的 D/A 数据寄存器中，并使用片上 D/A 转换成相应的模拟电压。

1）地址寄存器

单片机对 PCF8591 进行初始化，共发送三字节。如图 7-1-6 所示，第一字节为地址字节。PCF8591 的地址寄存器共 8 位，其中，前 7 位代表地址，最后 1 位代表读/写方向。前 7 位地址包括固定地址（Fixed Part）和可编程地址（Programmable Part）。地址高 4 位固定为 1001，低 3 位为 A2、A1、A0，固定为 100。地址字节的最后一位为 R/$\overline{\text{W}}$，用于设置数据传输方向的读/写位。

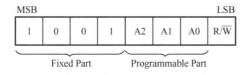

图 7-1-6 PCF8591 的地址寄存器

2）控制寄存器

如图 7-1-7 所示为 PCF8591 的控制寄存器。单片机发送到 PCF8591 的第二字节将被存储在控制寄存器中，用于控制 PCF8591 工作。其中，第 3 位和第 7 位固定为 0。第 6 位的作用是选择是否允许模拟电压输出，在 D/A 转换时设置为 1，A/D 转换时设置为 0。第 4、5 位是选择模拟电压输入方式，一般选择单端输入方式。第 2 位的作用是自动增量使能，如果置 1，则每次 A/D 转换后通道号将自动增加。第 0、1 位的作用是在 A/D 转换时选择输入通道。

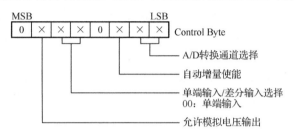

图 7-1-7　PCF8591 的控制寄存器

3）D/A 数据寄存器

发送给 PCF8591 的第三字节被存储在 D/A 数据寄存器中，表示 D/A 模拟输出的电压值。使用 A/D 功能时，可以不发送第三字节。

9．PCF8591 的总线协议

A/D 转换使用"读模式"，即单片机向 PCF8591 写字节（包括从机地址等）后，会收到 PCF8591 的应答；单片机读到数据之后，如果有回应则表示继续读下一字节，如果无回应则表示读结束，如图 7-1-8 所示。

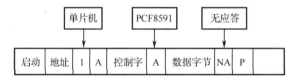

图 7-1-8　A/D 转换的读模式

D/A 转换使用"写模式"，单片机向 PCF8591 写字节（包括从机地址和控制字等）后，会收到 PCF8591 的应答，如图 7-1-9 所示。

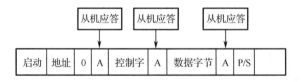

图 7-1-9　D/A 转换的写模式

10．PCF8591 的硬件电路

PCF8591 的硬件电路如图 7-1-10 所示，JP1 端子为 4 个输入通道提供采样电压。芯片 U8（PCF8591）的 A2、A1、A0 接地，表示 PCF8591 芯片地址为 0x00；U8 的 VCC 和 VREF 接3.3V；U8 的 EXT 接地，表示使用内部时钟；U8 的 SCL 和 SDA 连接到单片机的 I/O 口，用于 I^2C 总线通信；U8 的 AOUT 用于信号输出。

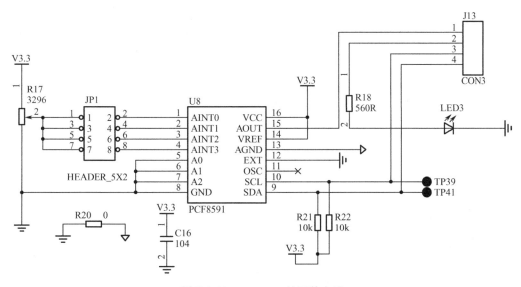

图 7-1-10　PCF8591 的硬件电路

11．PCF8591 与计算机的通信

1）通信方式

采用双工串口，波特率为 9600，数据位为 8 位，停止位为 1 位，无校验位，无流控制。

2）数据包格式（表 7-1-1）

数据包格式为 HEAD + LEN + MODEL + CMD + [DATA] + CHK。

表 7-1-1　数据包格式

位　置	注　释	备　注
HEAD	数据头	固定为 0xFE
LEN	数据包长度	一字节，从 LEN 开始到 CHK 前一字节的所有字节数
MODEL	模块号	0x17
CMD	命令码	0x01 表示写 D/A
[DATA]	数据域	可变长度
CHK	校验码	从 LEN 开始到 CHK 前一字节的所有字节依次相加、取反、再加 1

3）下位机回复（表 7-1-2）

表 7-1-2　下位机回复

位　置	注　释	备　注
HEAD	数据头	固定为 0xFE
LEN	数据包长度	一字节，从 LEN 开始到 CHK 前一字节的所有字节数
MODEL	模块号	0x17
CMD	命令码	0x00 表示读 A/D，0x01 表示写 D/A

位 置	注 释	备 注
[DATA]	数据域	RLY + [ADx + 0x00 + 0x00 + 0x00] RLY 可取如下数值： 00 表示成功 03 表示非法命令 其他 ADx 表示某一 A/D 通道的 A/D 值
CHK	校验码	从 LEN 开始到 CHK 前一字节的所有字节依次相加、取反、再加 1

12. 称重传感模块

如图 7-1-11 所示为称重传感模块电路板结构图。

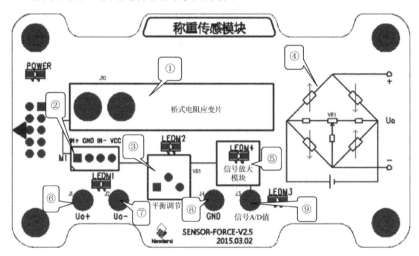

图 7-1-11 称重传感模块电路板结构图

① 为 YZC-1b 称重传感器。

② 为称重传感器桥式电路的接口。

③ 为平衡调节电位器。

④ 为桥式电阻应变片平衡电路。

⑤ 为信号放大模块。

⑥ 为 J1 接口，用于测量直流电桥平衡电路输出的正端电压，即 AD623 正端输入（3 脚）电压。

⑦ 为 J2 接口，用于测量直流电桥平衡电路输出的负端电压，即 AD623 负端输入（2 脚）电压。

⑧ 为 J4 接口，用于接地。

⑨ 为 J3 接口，用于测量经信号放大模块放大后电路输出的电压，该电压由 AD623（6 脚）输出。

信号放大模块的电路如图 7-1-12 所示。信号放大模块主要利用 AD623（集成单电源仪表放大器）完成信号的差动放大。

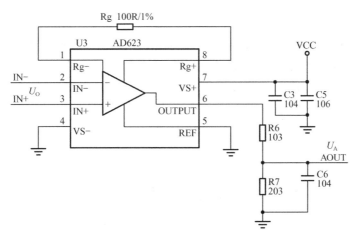

图 7-1-12　信号放大模块的电路

称重传感器在受力时，电桥平衡发生变化，差分电压通过 AD623 放大后变成单端电压输出，输出电压经过分压后作为 A/D 转换器的输入模拟电压。

13．主要代码讲解

1）主函数流程图（图 7-1-13）

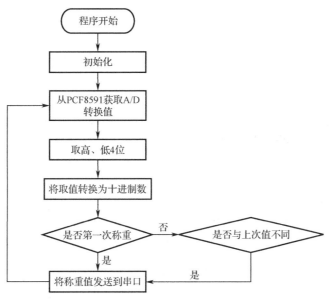

图 7-1-13　主函数流程图

通过图 7-1-13 可以看出，程序首先初始化定时器、延时函数、串口函数，从 PCF8591 获取 A/D 转换值，然后对数据进行处理，分别取高、低 4 位并转换为十进制数。由于灵敏度的关系，需要程序进行一次判断（是否第一次称重）。如果是第一次称重并稳定，则把称重值发送到串口。如果不是则判断本次值是否与上次相同，如果相同则代表是抖动造成的误差，忽略误差，显示获取值。

2）PCF8591 驱动程序

（1）函数 uchar PCF8591_ReadCh(uchar *buf, uchar ch)的作用是从 PCF8591 中读出某一通道的 A/D 数据并存到 buf[]中，ch 为通道号。

```
1.    uchar PCF8591_ReadCh(uchar *buf, uchar ch)
2.    {
3.        uchar ack;
4.        ch &= 3;
5.        IIC_Init();
6.        IIC_Start();
7.         ack = IIC_WriteByte(ADDR_PCF8591);           //设备为写模式
8.        if( ack==0 )                                  //写入失败，从机没有应答
9.        {
10.           return 0;
11.       }
12.       ack = IIC_WriteByte(MODE_SEIAD_DA|ch);        //写第二字节（控制字）
13.       if( ack==0 )                                  //写入失败，从机没有应答
14.       {
15.           return 0;
16.       }
17.       IIC_Start();
18.       ack = IIC_WriteByte(ADDR_PCF8591|0x01);
19.       if( ack==0 )                                  //写入失败，从机没有应答
20.       {
21.           return 0;
22.       }
23.       *buf = IIC_ReadByte(ACK);                      //读数据，开始 A/D 转换，第一个数没用
24.       *buf = IIC_ReadByte(NOACK);
25.       IIC_Stop();
26.       return 1;
27.   }
```

（2）函数 uchar PCF8591_ReadAd(uchar *buf, uchar ch, uchar n)的作用是从 PCF8591 中读出 n 个通道的 A/D 数据并存到 buf[]中。ch 表示通道号，n 表示可以读出 n 个 A/D 通道的数据。

```
1.    uchar PCF8591_ReadAd(uchar *buf, uchar ch, uchar n)
2.    {
3.        uchar i, ack;
4.        uchar xdata ad[4];
5.        ch &= 3;
6.        if( n>4 )
7.        {
8.            n = 4;
9.        }
10.       IIC_Init();
11.       IIC_Start();
12.       ack = IIC_WriteByte(ADDR_PCF8591);
```

```
13.        if( ack==0 )                                    //写入失败,从机没有应答
14.        {
15.            return 0;
16.        }
17.        ack = IIC_WriteByte(MODE_SEIAD_DA_INC);         //写第二字节（控制字）
18.        if( ack==0 )                                    //写入失败,从机没有应答
19.        {
20.            return 0;
21.        }
22.        IIC_Start();
23.        ack = IIC_WriteByte(ADDR_PCF8591|0x01);
24.        if( ack==0 )                                    //写入失败,从机没有应答
25.        {
26.            return 0;
27.        }
28.        ad[0] = IIC_ReadByte(ACK);                      //读数据,开始 A/D 转换,第一个数据没用
29.        ad[0] = IIC_ReadByte(ACK);                      //读 AN0
30.        ad[1] = IIC_ReadByte(ACK);                      //读 AN1
31.        ad[2] = IIC_ReadByte(ACK);                      //读 AN2
32.        ad[3] = IIC_ReadByte(NOACK);
33.        IIC_Stop();
34.        for(i=0;i<n;i++)
35.        {
36.            buf[i] = ad[(i+ch)&3];
37.        }
38.        return 1;
39.    }
```

（3）函数 uchar PCF8591_WriteDa(uchar ucData)的作用是向 PCF8591 写入 D/A 数据。

```
1.     uchar PCF8591_WriteDa(uchar ucData)
2.     {
3.        uchar ack;
4.        IIC_Init();
5.        IIC_Start();
6.        ack = IIC_WriteByte(ADDR_PCF8591);
7.        if( ack==0 )                                    //写入失败,从机没有应答
8.        {
9.            return 0;
10.        }
11.        ack = IIC_WriteByte(MODE_SEIAD_DA);            //写第二字节（控制字）
12.        if( ack==0 )                                    //写入失败,从机没有应答
13.        {
14.            return 0;
15.        }
16.        ack = IIC_WriteByte(ucData);                   //写第三字节（D/A 数据）
17.        IIC_Stop();
18.        if( ack==0 )                                    //写入失败,从机没有应答
```

```
19.    {
20.        return 0;
21.    }
22.    return 1;
23. }
```

（4）函数 uchar PCF8591_Init(void)的作用是初始化 PCF8591。

```
1.  uchar PCF8591_Init(void)
2.  {
3.      uchar a;
4.      if( PCF8591_WriteDa(0)==0 )
5.      {
6.          return 0;
7.      }
8.      PCF8591_ReadAd(&a, 0, 1);
9.      return 1;
10. }
```

测一测

（1）电阻应变式传感器是基于物体_____产生应变的一种传感器。它将被测量的变化转换成_____的变化，再经过转换电路变成____信号输出。

（2）信号的幅值随着时间变化而_____变化的量是模拟量，用一系列_____和_____组成的二进制代码表示某个信号大小的量是数字量。

（3）PCF8591 是一款集成_____和_____两种转换功能的芯片。

想一想

（1）简述电阻的应变效应。

（2）简述 A/D、D/A 芯片在单片机中的应用。

 设备与资源准备

任务实施前必须先准备好以下设备和资源。

序　号	设备/资源名称	数　量	是否准备到位
1	计算机	1	
2	NEWLab 实训平台	1	
3	单片机开发模块	1	
4	称重传感模块	1	
5	功能扩展模块	1	

 任务实施导航

本任务实施过程分为以下 5 步。

1. 搭建硬件环境

硬件连接图如图 7-1-14 所示。

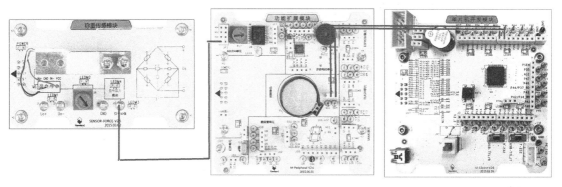

图 7-1-14　硬件连接图

单片机的 P2.6 连接功能扩展模块 J13 的 SDA，P2.7 连接功能扩展模块 J13 的 SCL，称重传感模块的 J3 口连接功能扩展模块 JP1 中 AD1 端口的左边。

2. 建立工程

建立工程，在代码区内编写程序。

3. 编写程序

```
1.   #include "stc15w1k24s.h"
2.   #include "UART.h"
3.   #include "config.h"
4.   #include "type_def.h"
5.   #include <intrins.h>
6.   #define _NOP_()
7.   sbit HC595_SI   = P3^5;
8.   sbit HC595_SHCP = P3^6;
9.   sbit HC595_STCP = P3^7;
10.  uint weight0,weight1,weight2,weight3, wei0,weii0;
11.  uint  wei1,wei2,wei3,value,wei22,wei23,wei33,wei44;
12.  uint keyv0=0,keyv1=0,keyv2,faalg=68,va=0,vb=1,wei222=6,wei333=8;
13.  uint ge=0,shi=0,bai=0,qian=0,flagg=0,flaggg=68;
14.  uint conum[5];
15.  extern uint ad;
16.  uchar code table[]={0xC0,0xF9,0xA4,0xB0,0x99,0x92,0x82,0xF8,0x80,0x90, 0x88,0x83,0xC6,0xA1,0x86,
0x8E, 0xbf};                                        //数码管段码
17.  uchar code wei[8]={0x01,0x02,0x04,0x08,0x10,0x20,0x40,0x80};
18.  void Hc595_Out(int8u dh, int8u dl)
19.  {
20.      int8u i;
21.      int16u dout;
22.      dout = (dh<<8) | dl;
23.      HC595_STCP = 0;
24.      HC595_SHCP = 0;
25.      for(i=0; i<16; i++)                         //串行移位输出
```

```
26.         {
27.             HC595_SHCP = 0;
28.             if( dout & 0x8000 )
29.             {               HC595_SI = 1;            }
30.             else
31.             {               HC595_SI = 0;            }
32.             _NOP_();
33.             HC595_SHCP = 1                          //上升沿移入数据
34.             _NOP_();
35.             dout = dout<<1;                         //准备移入下一位
36.         }
37.         HC595_SHCP = 0;
38.         HC595_STCP = 1;                             //输出锁存
39.         _NOP_();
40.         _NOP_();
41.         HC595_STCP = 0;
42.     }
43.     void display(uint *pon1,uint *pon2,uint *pon3,uint *pon4,uint *pon5,uint *pon6)
44.     {
45.         int8u i;
46.         uint result[8];
47.         result[0]=*pon1;
48.         result[1]=*pon2;
49.         result[2]=*pon3;
50.         result[3]=*pon4;
51.         result[4]=16;
52.         result[5]=16;
53.         result[6]=*pon5;
54.         result[7]=*pon6;
55.         for(i=0;i<8;i++)
56.         {
57.             Hc595_Out(wei[i],table[result[i]]);     //位段
58.         }
59.     }
60.     void displayy(uint one,uint two,uint thr,uint fou,uint fiv,uint six)
61.     {
62.         int8u i;
63.         int8u result[8];
64.         result[0]=one;
65.         result[1]=two;
66.         result[2]=thr;
67.         result[3]=fou;
68.         result[4]=16;
69.         result[5]=16;
70.         result[6]=fiv;
71.         result[7]=six;
72.         for(i=0;i<8;i++)
```

```
73.        {
74.             Hc595_Out(wei[i],table[result[i]]);        //位段
75.        }
76.  }
77.  main()
78.  {
79.        uchar xdata buf[4];
80.        Timer_Init();
81.        UART_Init();
82.        dly_ms(10);
83.        while(1)
84.        {
85.            while(ac)                                //ac 为标志位
86.            {
87.                KeyDown();
88.                switch(ab)                           //取两个键值
89.                {
90.                    case 2: keyv0=ad; break;
91.                    case 3: keyv1=ad; break;
92.                    default:break;
93.                }
94.                PCF8591_ReadCh(buf, 0);              //重复读通道 AN0，获取实时数据
95.                weight0 = (buf[0] & 0xf0) >> 4;
96.                weight1 = buf[0] & 0x0f;
97.                wei0  = 0;
98.                weii0 = 0;
99.                weight2 = weight0-6;                 //将高 4 位初始值归零
100.               weight3 = weight1-3;                 //将低 4 位初始值归零
101.               display(&wei0,&wei0,&weight2,&weight3, &keyv0,&keyv1);
102.           }
103.           wei1=wei0;  wei2=weight2; wei3=weight3;
104.           wei22=wei2;wei23=wei3;                   //保存实时数据
105.           wei33=(wei22*10) + wei23;
106.           wei44=(keyv0*10) + keyv1;                //计算键值
107.           conum[0]=wei33;                          //用数组保存质量
108.           conum[1]=wei44;                          //用数组保存键值
109.           conum[2]= conum[1]*conum[0];
110.           if(conum[2]==flagg) displayy(wei22,wei23,va,va,va,va);
111.           else if(conum[0]>flaggg)
112.           {
113.               qian= 6;
114.               bai = 7;
115.               shi = 3;
116.               ge  = 2;
117.               displayy(wei222,wei333,qian,bai,shi,ge );
118.           }
119.           else
```

```
120.            {
121.              value=conum[2];
122.            qian= value/1000;
123.            bai = (value/100)%10;
124.            shi = (value/10)%10;
125.            ge  = value%10;
126.            if((wei22==7)&&(wei23>0)) displayy(wei222,wei333,qian,bai,shi,ge );
127.            else displayy(wei22,wei23,qian,bai,shi,ge );
128.            }
129.      }
130.  }
```

4．程序编译、下载

进行程序编译，编译无误后，通过 ISP 进行下载。

5．查看结果

通过串口助手查看结果。

 **任务检查与评价**

详见本书配套资源。

 **任务小结**

通过对单片机串口通信和称重传感器相关知识的学习，了解如何从 PCF8591 获取数据，并能完成数据传输程序的编写，最终实现 A/D 转换数据通过 I²C 总线传输到串口，并使用串口助手显示的功能。

 任务拓展

参考本任务相关理论知识，自行编写代码，完成如下功能：
改变称重传感模块的电位器阻值，通过串口助手查看称重的数据。

7.2 任务 2 实现简易电子秤功能

 职业能力目标

● 能根据任务要求，认真查阅相关资料，掌握称重传感器、A/D 转换、I²C 总线的基本原理。
● 根据功能需求，熟练编写单片机程序，完成简易电子秤的基本功能。

任务描述与要求

> **任务描述**：XX 公司根据市场需求调研结果，决定研发一款新产品——电子秤，要求制作一款可以称重、输入单价、计算总价的简易电子秤。该新产品分两期开发，研发部根据开发计划，现在要进行第二期开发。第二期开发要求编写单片机程序，实现称重、输入单价、显示总价等功能。
>
> **任务要求**：
> ● 了解 PCF8591 的工作原理。
> ● 将砝码（重物）放在称重传感模块上，利用单片机获取称重结果，通过键盘模块输入单价后，系统自动算出总价并显示在数码管上。

 任务分析与计划

根据所学相关知识，完成本任务的实施计划。

项目名称	简易电子秤
任务名称	实现简易电子秤功能
计划方式	分组完成、团队合作、分析调研
计划要求	1. 能够按照连接图施工，完成各模块之间的连接 2. 能搭建开发环境 3. 能创建工作区和项目，完成代码编写 4. 能完成电子秤的代码调试和测试 5. 能分析项目的执行结果，归纳所学的知识与技能
序 号	主 要 步 骤
1	
2	
3	
4	
5	

 **知识储备**

1. 简易电子秤系统设计框图

简易电子秤系统设计框图如图 7-2-1 所示，以 STC15W 单片机为控制核心，实现电子秤的基本控制功能。系统由数据采集、串口通信、I^2C 总线接口、人机交互界面等构成。

数据采集部分由称重传感器、信号放大器和 A/D 转换器组成，信号放大器和 A/D 转换器由 PCF8591 实现。

人机交互界面包括键盘输入和数码管显示，主要使用 4×4 矩阵键盘和 8 个共阳极数码管，可以方便地输入数据和直观地显示数据。

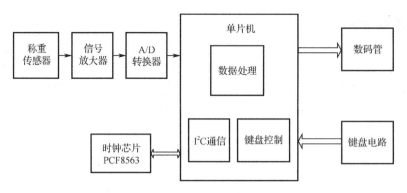

图 7-2-1　简易电子秤系统设计框图

该简易电子秤可以实现基本的称重功能。

2．简易电子秤功能简介

将物体放在秤盘上时，压力传给称重传感器，称重传感器发生形变，从而使阻抗发生变化，同时使激励电压发生变化，输出一个变化的模拟信号。该信号经放大电路放大后输出到 A/D 转换器，转换成便于处理的数字信号后输出到单片机。单片机根据键盘命令及程序控制将结果输出到数码管。

3．流程图

主函数流程图如图 7-2-2 所示，首先从称重传感器获取称重值，同时检测键盘上的按键是否被按下，如果被按下则获取键值。接着对称重值进行处理，计算总金额并在数码管上显示。

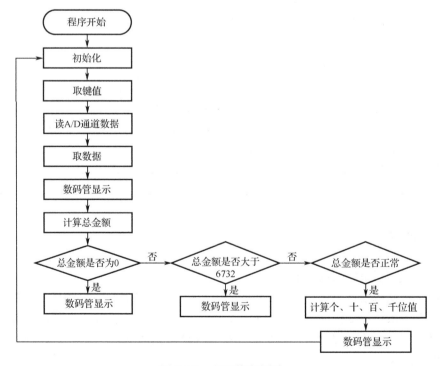

图 7-2-2　主函数流程图

4．代码讲解

代码实现的功能：利用称重传感器获取物品质量（输出为电压值），通过 PCF8591 实现称重传感器的数据采集和转换，通过单片机采集 AN0 通道的 A/D 数据，利用矩阵键盘输入物品单价（单价在 100 以内），并在数码管上显示单价、质量及总金额。

PCF8591 驱动、I²C 总线驱动、延时函数、数码管显示函数在之前的项目中已经完成代码编写，可以直接使用。

另外，由于电路板中差动信号直流放大时存在零点漂移现象，因此实际输出电压与理论值不同，不一定为 0，需要程序对其进行处理，即减去电压初始值。

1）变量

主函数中用到的变量如下。

```
1.   uint weight0,weight1;                      //存放称重质量的 A/D 数据的高 4 位和低 4 位
2.   uint weight2,weight3;                      //称重质量初始值归零
3.   uint wei0,weii0;                           //显示 0
4.   uint wei1,wei2,wei3,value,wei22,wei23;     //保存实时、临时质量
5.   uint wei33,wei44;                          //总质量，按两次按键后的数值
6.   uint keyv0=0,keyv1=0,keyv2;                //保存按键键值和临时键值
7.   uint faalg=68,flaggg=68;                   //称重最大值
8.   uint va=0,wei222=6,wei333=8;               //段码显示值
9.   uint ge=0,shi=0,bai=0,qian=0,flagg=0;      //质量个、十、百、千位，标志位
10.  uint conum[5];                             //用于保存键值、质量、总金额
11.  extern uint ad;                            //按键 0～9 被按下时的键值
12.  uchar countnum;                            //循环次数
```

2）获取称重结果并显示

首先读取 PCF8591 的通道数据，把通道 AN0 的数据（称重传感器经 A/D 转换的数据）进行高、低 4 位处理后存到变量 weight0 和 weight1 中。因输出电压与理论值不同，须对获取的 A/D 数据进行初始化调整。将初始化调整后的数据存在变量 weight2 和 weight3 中，调用函数 display()进行显示。

```
1.   PCF8591_ReadCh(buf, 0);
2.   {
3.      weight0 = (buf[0] & 0xf0) >> 4;         //取通道 AN0 数据高 4 位
4.      weight1 = buf[0] & 0x0f;               //取通道 AN0 数据低 4 位
5.      wei0  = 0;
6.      weii0 = 0;
7.      weight2 = weight0-6;                    //将高 4 位初始值归零
8.      weight3 = weight1-3;                    //将低 4 位初始值归零
9.      display(&wei0,&wei0,&weight2,&weight3, &keyv0,&keyv1);
10.   }
```

3）显示总金额

将通过 PCF8591 获取的称重值和通过键盘获取的键值保存到数组 conum[0]和 conum[1]中，进行计算，将总金额保存到数组 conum[2]中。

```
1.   wei1=wei0; wei2=weight2; wei3=weight3;
```

2.	wei22=wei2;wei23=wei3;	//保存实时质量
3.	wei33=(wei22*10) + wei23;	//计算总质量
4.	wei44=(keyv0*10) + keyv1;	//计算键值
5.	conum[0]=wei33;	//用数组保存质量
6.	conum[1]=wei44;	//用数组保存键值
7.	conum[2]= conum[1]*conum[0];	//总金额

4）根据获取值的不同显示不同结果

如果计算的总金额为 0（无质量），则调用显示函数，显示内容为"键值+0000"。由于单片机从 A/D 转换器获取的数据最大为"68"，当显示值超过"68"时会出现数据不稳定的情况，因此当总金额大于 6732（68×99）时，调用显示函数，显示内容为"6732"。如果总金额介于 0 和 6732 之间，则正常调用显示函数，显示最终质量及键值。

```
1.     if(conum[2]==flagg)
2.     {
3.           displayy(wei22,wei23,va,va,va,va);
4.     }
5.     else if(conum[0]>flaggg)
6.      {
7.           qian= 6;
8.           bai = 7;
9.           shi = 3;
10.          ge  = 2;
11.          displayy(wei222,wei333,qian,bai,shi,ge );
12.      }
13.    else
14.     {
15.          value=conum[2];
16.          qian= value/1000;
17.          bai = (value/100)%10;
18.          shi = (value/10)%10;
19.          ge  = value%10;
20.      }
21.    if((wei22==7)&&(wei23>0))
22.      {
23.          displayy(wei222,wei333,qian,bai,shi,ge );
24.      }
25.    else
26.      {
27.          displayy(wei22,wei23,qian,bai,shi,ge );
28.      }
```

测一测

简易电子秤由_____、串口通信、I²C 总线接口、_____4 个部分构成。

想一想

简述简易电子秤的工作原理。

设备与资源准备

任务实施前必须先准备好以下设备和资源。

序 号	设备/资源名称	数 量	是否准备到位
1	计算机	1	
2	NEWLab 实训平台	1	
3	单片机开发模块	1	
4	称重传感模块	1	
5	功能扩展模块	1	

任务实施导航

本任务实施过程分为以下 5 步。

1. 搭建硬件环境

硬件连接图如图 7-2-3 所示。

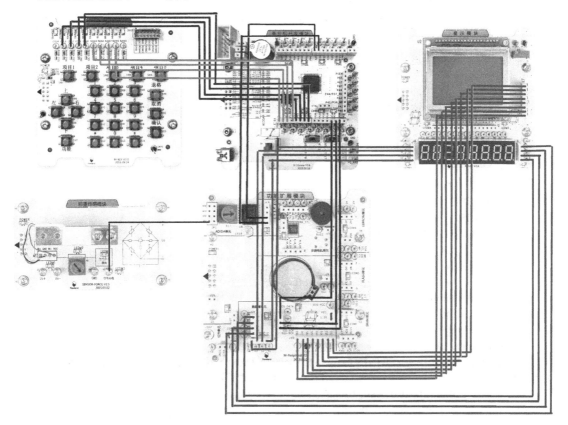

图 7-2-3 硬件连接图

1）单片机开发模块与显示模块的连接

LS595 与数码管的连接：

D1 接 A，D2 接 B，D3 接 C，D4 接 D，D5 接 E，D6 接 F，D7 接 G，D8 接 H。

S1 接 S1，S2 接 S2，S3 接 S3，S4 接 S4，S5 接 S5，S6 接 S6，S7 接 S7，S8 接 S8。

2）键盘模块与单片机开发模块的连接

键盘模块 ROW1 接单片机 P1.0；

键盘模块 ROW2 接单片机 P1.1；

键盘模块 ROW3 接单片机 P1.2；

键盘模块 COL3 接单片机 P1.4；

键盘模块 COL2 接单片机 P1.5；

键盘模块 COL1 接单片机 P1.6；

键盘模块 COL0 接单片机 P1.7。

3）LS595 与单片机开发模块的连接

LS595 的 VCC 接 3.3V，即 J11 两端短接。

LS595 的 J21 接口的 SI 接单片机 P3.5。

LS595 的 SCK 接单片机 P3.6。

LS595 的 RCK 接单片机 P3.7。

4）功能扩展模块与称重传感模块的连接

称重传感模块的 J3 连接功能扩展模块 JP1_AD1 的左侧接口。

2．建立工程

建立工程，在代码区内编写程序。

3．编写程序

```
1.    #include "stc15w1k24s.h"
2.    #include "UART.h"
3.    #include "config.h"
4.    #include "type_def.h"
5.    #include <intrins.h>
6.    #define _NOP_()
7.    sbit HC595_SI   = P3^5;
8.    sbit HC595_SHCP = P3^6;
9.    sbit HC595_STCP = P3^7;
10.   uint weight0,weight1,weight2,weight3, wei0,weii0;
11.   uint  wei1,wei2,wei3,value,wei22,wei23,wei33,wei44;
12.   uint keyv0=0,keyv1=0,keyv2,faalg=68,va=0,vb=1,wei222=6,wei333=8;
13.   uint ge=0,shi=0,bai=0,qian=0,flagg=0,flaggg=68;
14.   //uint hex1,hex2,hex3;
15.   uint conum[5];
16.   extern uint ad;
17.   uchar code table[]={0xC0,0xF9,0xA4,0xB0,0x99,0x92,0x82,0xF8,0x80,0x90,0x88,0x83,0xC6,0xA1,
0x86,0x8E, 0xbf};                              //数码管段码
18.   uchar code wei[8]={0x01,0x02,0x04,0x08,0x10,0x20,0x40,0x80};
19.   void Hc595_Out(int8u dh, int8u dl)
20.   {     int8u i;
21.       int16u dout;
```

```
22.        dout = (dh<<8) | dl;
23.        HC595_STCP = 0;
24.        HC595_SHCP = 0;
25.        for(i=0; i<16; i++)                    //串行移位输出
26.        {
27.            HC595_SHCP = 0;
28.            if( dout & 0x8000 )
29.            {
30.                HC595_SI = 1;
31.            }
32.            else
33.            {
34.                HC595_SI = 0;
35.            }
36.            _NOP_();
37.            HC595_SHCP = 1                      //上升沿移入数据
38.            _NOP_();
39.            dout = dout<<1;                     //准备移入下一位
40.        }
41.        HC595_SHCP = 0;
42.        HC595_STCP = 1;                         //输出锁存
43.        _NOP_();
44.        _NOP_();
45.        HC595_STCP = 0;
46.    }
47.    void display(uint *pon1,uint *pon2,uint *pon3,uint *pon4,uint *pon5,uint *pon6)
48.    {
49.        int8u i;
50.        uint result[8];
51.        result[0]=*pon1;
52.        result[1]=*pon2;
53.        result[2]=*pon3;
54.        result[3]=*pon4;
55.        result[4]=16;
56.        result[5]=16;
57.        result[6]=*pon5;
58.        result[7]=*pon6;
59.        for(i=0;i<8;i++){
60.          Hc595_Out(wei[i],table[result[i]]);   //位段
61.        }
62.    }
63.    void displayy(uint one,uint two,uint thr,uint fou,uint fiv,uint six)
64.    {
65.        int8u i;
66.        int8u result[8];
67.        result[0]=one;
68.        result[1]=two;
69.        result[2]=thr;
70.        result[3]=fou;
71.        result[4]=16;
72.        result[5]=16;
```

```
73.        result[6]=fiv;
74.        result[7]=six;
75.        for(i=0;i<8;i++){
76.          Hc595_Out(wei[i],table[result[i]]);              //位段
77.        }
78.    }
79.    main()
80.    {
81.        uchar xdata buf[4];
82.        Timer_Init();
83.        UART_Init();
84.        dly_ms(10);
85.        if( PCF8591_Init()==0 )
86.        {
87.            ;
88.        }
89.        while(1)
90.        {
91.            while(ac)                                    //ac 为标志位
92.            {
93.                KeyDown();
94.                switch(ab)                               //取两个键值
95.                {
96.                    case 2: keyv0=ad;  break;
97.                    case 3: keyv1=ad;  break;
98.                    default:break;
99.                }
100.               PCF8591_ReadCh(buf, 0);
101.               weight0 = (buf[0] & 0xf0) >> 4;
102.               weight1 = buf[0] & 0x0f;
103.               wei0  = 0;
104.               weii0 = 0;
105.               weight2 = weight0-6;                     //将高 4 位初始值归零
106.               weight3 = weight1-3;                     //将低 4 位初始值归零
107.               display(&wei0,&wei0,&weight2,&weight3, &keyv0,&keyv1);
108.           }
109.           wei1=wei0;  wei2=weight2; wei3=weight3;
110.           wei22=wei2;wei23=wei3;                       //保存实时质量
111.           wei33=(wei22*10) + wei23;                    //计算总质量
112.           wei44=(keyv0*10) + keyv1;                    //计算键值
113.           conum[0]=wei33;                              //用数组保存质量
114.           conum[1]=wei44;                              //用数组保存键值
115.           conum[2]= conum[1]*conum[0];                 //总金额
116.           if(conum[2]==flagg) displayy(wei22,wei23,va,va,va,va);
117.           else if(conum[0]>flaggg)
118.           {
119.               qian= 6;
120.               bai = 7;
121.               shi = 3;
122.               ge  = 2;
123.               displayy(wei222,wei333,qian,bai,shi,ge );
```

```
124.            }
125.        else
126.        {
127.            value=conum[2];
128.            qian= value/1000;
129.            bai = (value/100)%10;
130.            shi = (value/10)%10;
131.            ge = value%10;
132.             if((wei22==7)&&(wei23>0))
133.            {
134.                    displayy(wei222,wei333,qian,bai,shi,ge );
135.            }
136.        else
137.                    displayy(wei22,wei23,qian,bai,shi,ge );
138.        }
139.      }
140. }
```

4．程序编译、下载、测试

进行程序编译，编译无误后，通过 ISP 进行下载。

5．查看结果

在显示模块上查看结果。

任务检查与评价

详见本书配套资源。

任务小结

通过对单片机串口通信和称重传感器相关知识的学习，了解如何从 PCF8591 获取 A/D 转换数据，并能完成数据传输程序的编写，最终实现简易电子秤的功能。

任务拓展

参考本任务相关理论知识，自行编写代码，完成如下功能：
增加数据保存功能，可以通过按键显示上一次称重的数据。

项目 八 电梯安全检测装置

如今电梯已经随处可见，无论是住房、商场、地铁站还是学校，电梯已经逐步融入人们的生活。

电梯在国外被称为升降机。最早的电梯是以人力或畜力来转动滚筒以卷起缆绳的升降系统，称为强制式升降系统。蒸汽机发明之后，欧洲开始采用蒸汽动力来代替人力或畜力，大大提高了工作效率，节省了成本。

1845年，世界上诞生了第一个液压式升降系统，当时使用的液体为水。1903年，奥的斯电梯公司将滚筒强制驱动的电梯改为曳引驱动，为今天的长行程电梯奠定了基础。从此，在电梯的驱动方式上，曳引驱动占据了主导地位。曳引驱动使传动机构体积大大减小，而且有效地提高了通用性和安全性。

随着电梯数量的快速增加、电梯使用年限的增长，以及电梯机械零部件、电子元器件的疲劳、磨损与老化等，电梯故障和安全隐患日益增多，暴露出的各种安全问题已经引起社会各界的关注，电梯安全检测技术为电梯的发展提供了保障。

为了在电梯发生紧急事故、地震等情况下保护乘客的安全，电梯内安装了多种传感器，提升了电梯安全检测技术含量，使电梯具备了高度的安全机能。例如，在电梯轿厢门未关闭的情况下，电梯不会运行；在电梯未到达时，轿厢门不会开启；调速机可监控电梯的升降速度；运行冲顶和蹲底检测可保障电梯安全。

电梯安全检测装置实物图如图8-0-1所示。本项目通过红外传感模块、位移传感模块、单片机开发模块和显示模块模拟电梯安全检测装置，并显示检测结果。如图8-0-2所示为电梯安全检测装置硬件接线图。

图 8-0-1 电梯安全检测装置实物图

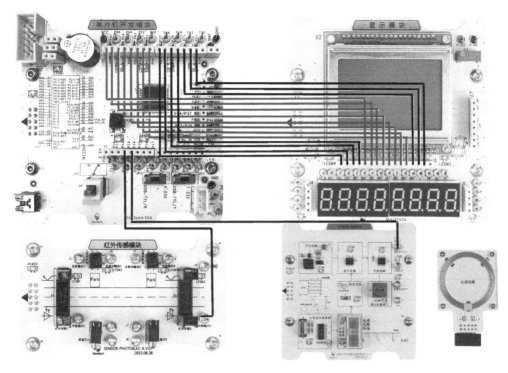

图 8-0-2 电梯安全检测装置硬件接线图

8.1 任务 1 实现红外、位移传感器的采集功能

 职业能力目标

- 能根据任务要求，认真查阅相关资料，掌握红外、位移传感器的工作原理。
- 能根据功能需求，熟练编写单片机程序，完成单片机获取传感器数据并通过 LCD 显示的功能。

 任务描述与要求

任务描述：XX 公司根据市场需求调研结果，决定研发一款新产品——电梯安全检测装置，要求实现电梯安全检测功能。该新产品分两期开发，研发部根据开发计划，现在要进行第一期开发，第一期开发计划要求编写程序对红外和位移传感器进行数据采集并通过 LCD 显示。

任务要求：
- 掌握红外、位移传感器的工作原理。
- 编写单片机程序，实现单片机对红外、位移传感器的数据采集功能。

 **任务分析与计划**

根据所学相关知识，完成本任务的实施计划。

项目名称	电梯安全检测装置	
任务名称	实现红外、位移传感器的采集功能	
计划方式	分组完成、团队合作、分析调研	
计划要求	1. 能够按照连接图施工，完成各模块之间的连接 2. 能搭建开发环境 3. 能创建工作区和项目，完成代码编写 4. 能完成红外传感器、位移传感器采集功能的代码调试和测试 5. 能分析项目的执行结果，归纳所学的知识与技能	
序　号	主 要 步 骤	
1		
2		
3		
4		
5		

 知识储备

1. 红外传感器

光电开关和光电断续器都是红外传感器，都由红外发射元件与光敏接收元件组成。它们可用于检测物体的靠近、通过等状态，是用于数字量检测的常用器件，配合继电器可构成电子开关。

对射型红外传感器如图 8-1-1 所示。在没有外界物体影响时，发射器发射的红外线被接收器接收。当有物体从发射器和接收器之间通过时，红外线被阻断，接收器接收不到红外线，就会产生一个电脉冲。

光电开关的检测距离可达数十米。发射器一般使用功率较大的红外 LED，接收器可采用光敏三极管、光敏达林顿三极管或光电池。为了防止日光灯的干扰，可在光敏元件表面加上红外滤光透镜。LED 可用高频脉冲电流驱动，从而发射调制光脉冲，可以有效防止太阳光的干扰。光电开关被广泛应用于自动化机械装置中。

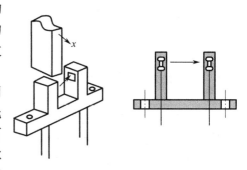

图 8-1-1　对射型红外传感器

2. 位移传感器

位移传感器又称线性传感器，是一种金属感应线性器件，其作用是把各种被测物理量转换为电量。

常用位移传感器包括电位器式位移传感器、电感式位移传感器、电涡流式位移传感器等。

本任务使用电涡流式位移传感器进行数据采集。

电涡流式位移传感器由激励线圈和被测金属组成。当被测金属与线圈之间的距离改变时，线圈周围将产生正弦交变磁场，使位于该磁场中的金属导体产生感应电流，感应电流又产生新的交变磁场，导致线圈的等效阻抗发生变化，通过测量阻抗的变化就可以确定距离的变化。

3. 红外传感模块

如图 8-1-2 所示为红外传感模块电路板结构图，其中：

①、②为红外传感器 LTH-301-32 的输入端；

③、④为红外传感器输出接口（J5、J6）；

⑩为接地接口（J4）。

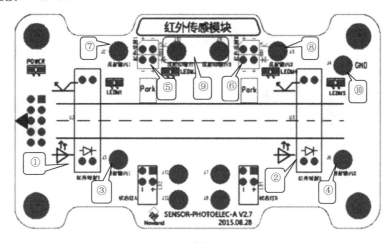

图 8-1-2 红外传感模块电路板结构图

红外传感模块电路如图 8-1-3 所示。没有物体通过时，接收器导通，D3 为低电平状态；有物体通过时，红外线被挡住，接收器截止，D3 为高电平状态。

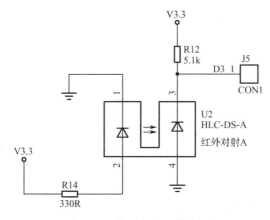

图 8-1-3 红外传感模块电路

4. 位移传感模块

位移传感模块由检测底板和位移传感器组成，如图 8-1-4 所示，左侧为检测底板，右侧为位移传感器。位移传感模块采用电涡流式位移传感器。电涡流式位移传感器的测量电路主要有调频式和调幅式两种，这里采用调幅式测量电路，如图 8-1-5 所示。石英晶体振荡器经分频后产生 125kHz 的方波激励信号，该激励信号通过由线圈（等效为电感）、电容组成的低通滤波电路后得到一个正弦信号，其峰值会随着被测金属导体与线圈之间的距离而变化，再通过峰值检波电路将该变化转换成直流电平信号，供后端电路进一步判断、处理。

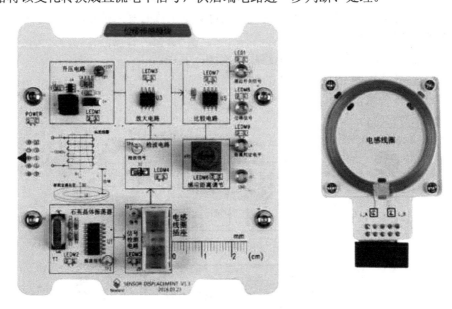

图 8-1-4　位移传感模块

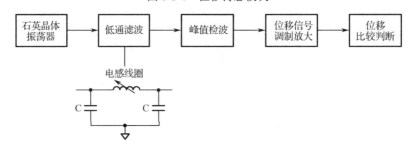

图 8-1-5　调幅式测量电路框图

在有效测试距离内，该电路的输出电压与测试距离近似成反比关系。当被测金属导体远离或去掉时，谐振频率恰好为激励频率（石英晶体振荡频率经分频后的频率，即 125kHz），此时线圈呈现的等效电阻最小，滤波电路的输出信号幅值最大；当金属导体靠近线圈时，线圈的等效电感发生变化，导致回路失谐，从而使输出信号幅值减小。

5．主函数流程图

主函数流程图如图 8-1-6 所示。程序开始后，首先初始化 LCD。如果此时没有物体通过位移和红外传感器，则 LCD 显示无异常；如果有位移信号，则在 LCD 上显示位移异常；如果有物体通过红外传感器，则在 LCD 上显示红外异常。系统循环检测。

6．程序讲解

1）显示模块

LCD 的驱动程序在项目四中已完成，可直接使用。该程序中 uchar code yun[]、uchar code xing[] 等数组用于显示汉字。

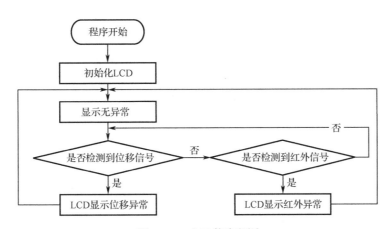

图 8-1-6 主函数流程图

2）主函数

sbit 是扩展的变量类型，用于定义特殊功能寄存器的位变量。本程序使用 sbit fanshe=P1^3 和 sbit weiyi=P1^4 语句定义红外传感器和位移传感器的输出结果。如果有物体通过红外传感器，则 fanshe 值为高电平；如果有物体通过位移传感器，则 weiyi 值为高电平。

char 型变量 count 为位移传感器和红外传感器的标志位。

count=0 代表位移传感器异常；

count=1 代表位移传感器正常；

count=2 代表红外传感器异常；

count=3 代表红外传感器正常。

根据标志位的不同情况，调用显示函数，显示不同的汉字。

```
1.    main()
2.    {
3.        Lcd_Init ();                        //LCD 初始化
4.        Lcd_Clr();                         //LCD 清屏
5.        while(1)
6.        {
7.            if(weiyi)                       //检测位移
8.            {
9.                count=0;                    //位移异常标志
10.               Disp_16x16(6,32,yii);       //LCD 显示异常倾斜
11.               Disp_16x16(6,48,chang);
12.               Disp_16x16(6,64,qing);
13.               Disp_16x16(6,80,xie);
14.           }
15.           else
16.           {
17.               count=1;                    //位移正常标志
18.               Disp_16x16(2,32,yun);       //LCD 显示运行正常
19.               Disp_16x16(2,48,xing);
20.               Disp_16x16(2,64,zheng);
21.               Disp_16x16(2,80,chang);
```

```
22.         if(!fanshe)                              //检测红外
23.         {
24.                 count=2;                          //红外异常
25.                 Disp_16x16(4,32,yii);
26.                 Disp_16x16(4,48,chang);
27.                 Disp_16x16(4,64,jin);
28.                 Disp_16x16(4,80,ru);
29.         }
30.         else
31.         {
32.                 count=3;                          //红外正常
33.                 Disp_16x16(2,32,yun);
34.                 Disp_16x16(2,48,xing);
35.                 Disp_16x16(2,64,zheng);
36.                 Disp_16x16(2,80,chang);
37.         }
38.     }
39. }
```

测一测

（1）红外传感器由_____元件与_____元件组成。

（2）位移传感器的作用是把_____量转换为_____量。

（3）常用位移传感器包括_____位移传感器、_____位移传感器、_____位移传感器等。

想一想

简述电涡流式位移传感器的工作原理。

任务实施

 设备与资源准备

任务实施前必须先准备好以下设备和资源。

序　　号	设备/资源名称	数　　量	是否准备到位
1	计算机	1	
2	NEWLab 实训平台	1	
3	单片机开发模块	1	
4	红外传感模块	1	
5	位移传感模块	1	
6	显示模块	1	

 任务实施导航

本任务实施过程分为以下 5 步。

1. 搭建硬件环境

如图 8-1-7 所示，硬件连接可分为以下三部分。

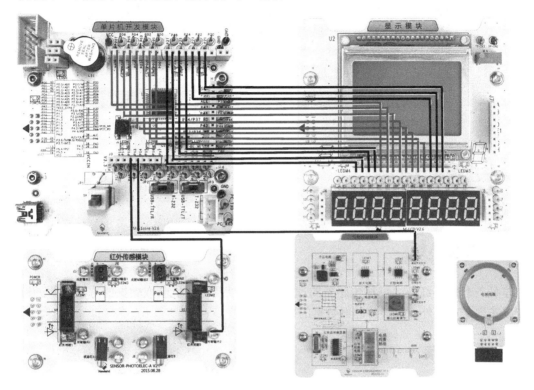

图 8-1-7　硬件连接

（1）单片机开发模块与显示模块的连接。

显示模块的 RS 接单片机的 P2.1，RW 接单片机的 P2.2，E 接单片机的 P2.3，CS1 接单片机的 P2.4，CS2 接单片机的 P2.5，RST 接单片机的 P2.6，LEDA 接单片机的 P2.7，DB0 接单片机的 P0.0，DB1 接单片机的 P0.1，DB2 接单片机的 P0.2，DB3 接单片机的 P0.3，DB4 接单片机的 P0.4，DB5 接单片机的 P0.5，DB6 接单片机的 P0.6，DB7 接单片机的 P0.7。

（2）单片机开发模块与红外传感模块的连接。

单片机的 P1.3 与红外传感模块的 J4 相连。

（3）单片机开发模块与位移传感模块的连接。

单片机的 P1.4 与位移传感模块的 J3 相连。

2. 建立工程

建立工程，在代码区内编写程序。

3. 编写程序

编写程序完成数据的获取及分析。具体代码见本书配套资源。

4. 程序编译、下载、测试

进行程序编译，编译无误后，通过 ISP 进行下载。

5. 查看结果

在 LCD 上查看结果，如图 8-1-8 所示。

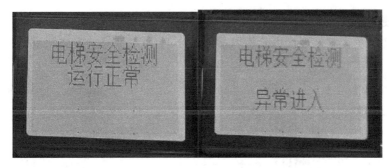

图 8-1-8　查看结果

详见本书配套资源。

本任务介绍了红外、位移传感器的理论知识，以及单片机获取数据的方法，并通过单片机程序实现了对红外、位移传感器数据的采集功能。

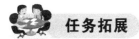

参考本任务相关理论知识，自行编写代码，完成如下功能：
当红外和位移传感器同时作用时，在 LCD 上显示红外异常、位移异常。

8.2　任务 2 实现电梯安全检测功能

● 能根据任务要求，认真查阅相关资料，掌握红外、位移传感器的工作原理。
● 能根据功能需求，编写单片机程序，完成单片机获取数据并进行分析、处理，通过 LCD显示结果。

　　任务描述：XX 公司根据市场需求调研结果，决定研发一款新产品——电梯安全检测装置，要求能够检测电梯安全。该新产品分两期开发，研发部根据开发计划，现在要进行第二期开发，第二期开发计划要求编写程序实现电梯安全检测功能。

任务要求：
- 掌握红外、位移传感器的工作原理。
- 编写单片机程序，完成单片机对红外、位移传感器数据的采集、分析和处理。

任务分析与计划

根据所学相关知识，完成本任务的实施计划。

项目名称	电梯安全检测装置	
任务名称	实现电梯安全检测功能	
计划方式	分组完成、团队合作、分析调研	
计划要求	1. 能够按照连接图施工，完成各模块之间的连接	
	2. 能搭建开发环境	
	3. 能创建工作区和项目，完成代码编写	
	4. 能完成电梯安全检测功能的代码调试和测试	
	5. 能分析项目的执行结果，归纳所学的知识与技能	
序　号	主　要　步　骤	
1		
2		
3		
4		
5		

知识储备

1. 电梯安全检测所用传感器

电梯控制系统可分为电力拖动系统和电气控制系统两部分。电力拖动系统由供电系统、曳引电动机、速度反馈装置、调速装置等组成。电气控制系统由传感器、控制用继电器和控制部分的核心器件等组成。传感器对电梯的安全检测起着关键作用。

1）位移传感器

通常把位移传感器安装在电梯的顶部，用于实时检测电梯的垂直度。当电梯出现倾斜过多的情况时，相关人员会获取相应的信息，并及时进行处理。

位移传感器实时输出的角度信号可以通过仪表显示出来，并且可以联网，从而更好地维护电梯，保障乘员的安全。

2）红外传感器

电梯轿厢门具有防夹伤功能，通常采用光幕（红外传感器）非接触式、安全触板（微动开关）接触式和安全触板加光幕（微动开关+红外传感器）复合式。

电梯一般有 30 对以上的红外发射器和接收器，分别位于电梯轿厢门的两侧，工作时发出的光束会在 20～1806mm 的高度范围内形成密集交错的保护网。当没有障碍物进入该空间时，所有光束均能正常到达接收器，电梯控制系统不会得到"有侵入物"的检测信号。一旦有物体挡住光束，便会引起对应接收器的异常输出，电梯控制系统检测到该信号，就会控制电梯重新打开轿厢门。如图 8-2-1 所示为电梯光幕实物图。

图 8-2-1　电梯光幕实物图

3）称重传感器

称重传感器是电梯称重装置的重要组成部分，称重传感器将质量转换成电信号经传输线与控制器连接，经过放大、A/D 转换、单片机运算后实现电子称重。当轿厢内的质量达到或超过设定值的 95%、102%时，满载、超载继电器分别动作，与电梯控制系统连接，使电梯安全、可靠地运行。

4）电梯平层装置（平层传感器）

电梯平层是指轿厢接近停靠站时，使轿厢地坎与层门地坎达到同一平面的动作。

当应急装置得到平层信号时，电梯减速停车，然后控制系统发出开门指令，打开电梯轿厢门，让乘客安全离开。

2. 主函数流程图

主函数流程图如图 8-2-2 所示。

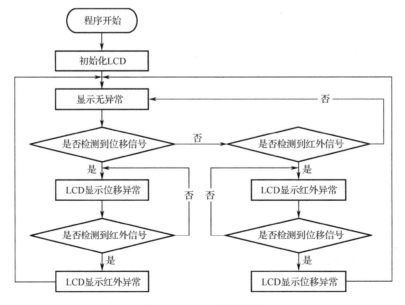

图 8-2-2　主函数流程图

程序开始后，首先对 LCD 进行初始化。如果此时没有物体通过位移和红外传感器，则在 LCD 上显示无异常。第二步，检测是否有位移信号，如果有则在 LCD 上显示位移异常，在此状态下，如果又有物体通过红外传感器，则显示红外异常，即同时显示位移、红外异常。如果在第二步未检测到位移信号，则进行第三步——检测是否有红外信号，如果有物体通过红外传感器，则在 LCD 上显示红外异常，在此状态下，如果又有物体通过位移传感器，则显示位移异常，即同时显示位移、红外异常。如果第三步没有检测到红外信号，则在 LCD 上显示无异常。系统循环检测。

3. 程序讲解

本任务的编程思路与任务 1 相同，都是根据标志位的不同情况，调用显示函数，显示不同的汉字。

char 型变量 count 为位移传感器和红外传感器的标志位。

测一测

电梯安全检测要用到_____传感器、_____传感器、_____传感器。

想一想

电梯平层装置是如何保障电梯安全的？

任务实施

设备与资源准备

任务实施前必须先准备好以下设备和资源。

序　号	设备/资源名称	数　量	是否准备到位
1	计算机	1	
2	NEWLab 实训平台	1	
3	单片机开发模块	1	
4	红外传感模块	1	
5	位移传感模块	1	
6	显示模块	1	

任务实施导航

本任务实施过程分成以下 5 步。

1. 搭建硬件环境

如图 8-2-3 所示，硬件连接可分为以下三部分。

（1）单片机开发模块与显示模块的连接。

显示模块的 RS 接单片机的 P2.1，RW 接单片机的 P2.2，E 接单片机的 P2.3，CS1 接单片机的 P2.4，CS2 接单片机的 P2.5，RST 接单片机的 P2.6，LEDA 接单片机的 P2.7，DB0 接单片机的 P0.0，DB1 接单片机的 P0.1，DB2 接单片机的 P0.2，DB3 接单片机的 P0.3，DB4 接单片机的 P0.4，DB5 接单片机的 P0.5，DB6 接单片机的 P0.6，DB7 接单片机的 P0.7。

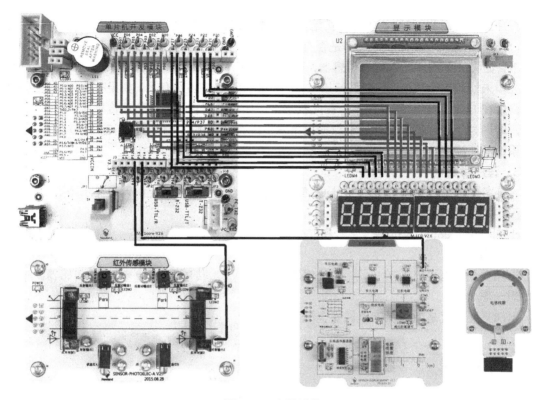

图 8-2-3　硬件连接

（2）单片机开发模块与红外传感模块的连接。

单片机的 P1.3 与红外传感模块的 J4 相连。

（3）单片机开发模块与位移传感模块的连接。

单片机的 P1.4 与位移传感模块的 J3 相连。

2．建立工程

新建工程。

3．编写程序

具体代码见本书配套资源。

4．编译下载测试

进行程序编译，编译无误后，通过 ISP 进行下载。

5．查看结果

在液晶屏上查看结果（图 8-2-4）。

图 8-2-4　查看结果

任务检查与评价

详见本书配套资源。

任务小结

通过对红外、位移传感器理论知识的学习，熟练掌握单片机获取传感器数据的方法，并编写代码实现电梯安全检测功能。

任务拓展

参考本任务相关理论知识，自行编写代码，完成如下功能：
实现电梯安全检测中"超载"环节的检测功能。

项目九 智能廊灯

引导案例

当人们行走在光线较暗的走廊、楼梯时，走廊、楼梯内的灯会自动亮起来，过一段时间灯又会自动熄灭。这种灯就是智能廊灯，它节能环保，给人们的生活带来了诸多便利。

红外感应廊灯：当检测到人体红外光谱的变化时，自动接通负载，人不离开感应范围，则持续接通；人离开后，则延时自动关闭负载。人到灯亮，人离灯熄，安全节能。

声控感应廊灯：有声音时就接通电路（电阻值变小），没有声音时就断开电路（电阻值变得很大），通过声控元件把声音信号转换成电信号并传输到延时开关电路模块，实现声控感应廊灯功能。

雷达感应廊灯：利用多普勒效应，使用平面天线作为发射与接收电路，智能检测周围电磁环境，自动调整工作状态，可有效抑制高次谐波和其他杂波的干扰。雷达感应距离远、角度广、无死区、能穿透玻璃，根据功率不同，可以穿透不同厚度的墙壁，不受环境、温度、灰尘等的影响。

智能廊灯如图9-0-1所示。本项目通过声音传感模块、LED模拟智能廊灯，其硬件接线图如图9-0-2所示。

图 9-0-1 智能廊灯

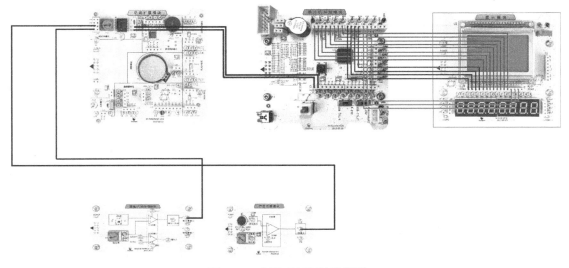

图 9-0-2 智能廊灯硬件接线图

9.1 任务 1 A/D 和 D/A 转换的数据采集

 职业能力目标

- 能根据任务要求，认真查阅相关资料，掌握 A/D 和 D/A 转换原理。
- 能根据功能需求，编写单片机程序，对光照传感器的数据进行采集并通过 LCD 显示数据。

 任务描述与要求

任务描述：XX 公司根据市场需求调研结果，决定申报技改项目，对已生产的廊灯进行升级，要求根据光线的强弱改变廊灯的亮度，同时根据声音的大小改变廊灯的亮灭。该项目分两期开发，研发部根据开发计划，现在要进行第一期开发，第一期开发计划要求对新购买的光照传感器进行 A/D 和 D/A 转换的数据采集，并在 LCD 上显示。

任务要求：
- 掌握 A/D 和 D/A 转换的工作原理。
- 编写单片机程序，完成对光照传感器的数据采集。

 任务分析与计划

根据所学相关知识，完成本任务的实施计划。

项目名称	智能廊灯
任务名称	A/D 和 D/A 转换的数据采集
计划方式	分组完成、团队合作、分析调研

续表

计划要求	1. 能够按照连接图施工，完成各模块之间的连接
	2. 能搭建开发环境
	3. 能创建工作区和项目，完成代码编写
	4. 能完成 A/D 和 D/A 转换的数据采集的代码调试和测试
	5. 能分析项目的执行结果，归纳所学的知识与技能
序　号	主　要　步　骤
1	
2	
3	
4	
5	

知识储备

1. D/A 转换

D/A 转换完成数字量到模拟量的转换，其依靠的是数模转换器，即 DAC。

D/A 转换将输入的数字量用二进制代码按数位组合起来，并按照对应比例关系转换成对应的模拟量，然后将这些模拟量相加，得到与数字量成正比的输出模拟量。转换过程是先将各位数码按其权的大小转换为相应的模拟分量，然后把各模拟分量相加，其和就是 D/A 转换的结果。D/A 转换过程如图 9-1-1 所示。

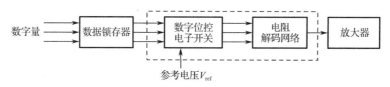

图 9-1-1　D/A 转换过程

2. PCF8591 的 D/A 数据寄存器

前面已对 PCF8591 做过介绍。在 PCF8591 初始化时，单片机向其发送三字节。第一、第二字节与 A/D 转换相关。单片机发送的第三字节为 D/A 操作数据，表示 D/A 模拟输出的电压值。

如图 9-1-2 所示为 PCF8591 的 D/A 数据寄存器。由于该数据寄存器是 8 位的，假设输入的数字信号范围为 0~255，那么输出信号为 0~2.55V。在这种情况下，当单片机发送一个十进制数"100"到 PCF8591 时，D/A 引脚输出 1V。如果发送十进制数"200"则输出 2V。可以看出，输入与输出之间存在比例关系。

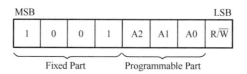

图 9-1-2　PCF8591 的 D/A 数据寄存器

DAC 如图 9-1-3 所示，它由连接至外部参考电压的具有 256 个接头的电阻分压电路和选择开关组成。抽头译码器（Tap Decoder）切换一个抽头至 DAC 输出线。

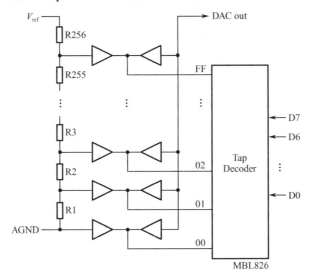

图 9-1-3　DAC

3．D/A 转换的主要指标

1）分辨率

D/A 转换的分辨率是指输入的单位数字量变化引起的模拟量输出的变化，它是对输入量变化敏感程度的描述。

2）建立时间

建立时间反映了 D/A 转换速度，电流输出时建立时间较短，电压输出时建立时间较长。

3）转换误差

转换误差表示 D/A 转换实际输出的模拟量与理论输出模拟量之间的差别。

转换误差的来源很多，如各元件参数值的误差、基准电源不够稳定和运算放大器零漂等。

4．主函数流程图

主函数流程图如图 9-1-4 所示。

在本任务中，温度/光照传感模块的输出信号为模拟信号（电压值），将该模拟信号输入 PCF8591，经过 A/D 转换后变为数字信号。控制系统（单片机）通过 I^2C 总线接口获取该数字信号后，分两步处理：第一步把该数字信号重新发送到 PCF8591 的 D/A 通道，进行 D/A 转换；第二步把该信号保存到变量 ad_vol 中，经过计算处理后，输出电压值和 LUX 值。最后，等待 200ms 后将电压值和 LUX 值显示在 LCD 上。

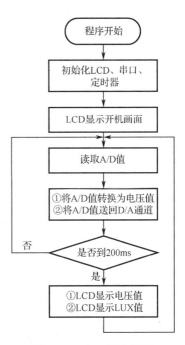

图 9-1-4　主函数流程图

5．程序讲解

1）相关变量

int ad_vol：变量 ad_vol，用于存储 A/D 转换后经计算的电压值。

uint8_t data_AD[2]：8 位无符号整型数组，用于存储从 PCF8591 获取的 A/D 值。

char vol[3]：数组，用于存储电压值的个位、十位、百位。

fp32 LDR_LUX = 0.0：32 位浮点变量，用于存储 LUX 值。

uint32_t LDR_LUX_U32 = 0：32 位无符号整型变量，用于存储光 LUX 值。

2）相关函数

void LCD_Display(void)：LCD 显示函数。

PCF8591_Readch(data_AD,0)：读取 PCF8591_Write(data_AD[0])的通道 0 的 A/D 转换值，将获取的值存储到 data_AD 中。

PCF8591_Write(data_AD[0])：把 data_AD[0]中的数据重新写入 PCF8591，输出为 D/A 值。

LCD_Display1()：LCD 显示函数，用于在 LCD 上显示开机画面。

LCD_Display()：LCD 显示函数，用于在 LCD 上显示电压值、LUX 值。

测一测

（1）D/A 转换的分辨率是对_____变化敏感程度的描述。

（2）转换误差表示 D/A 转换_____输出的模拟量与理论输出模拟量之间的差别。

想一想

（1）简述 D/A 转换过程。

（2）简述 D/A 转换误差的来源。

 设备与资源准备

任务实施前必须先准备好以下设备和资源。

序　号	设备/资源名称	数　量	是否准备到位
1	计算机	1	
2	NEWLab 实训平台	1	
3	单片机开发模块	1	
4	温度/光照传感模块	1	
5	声音传感模块	1	
6	显示模块	1	
7	功能扩展模块	1	

 任务实施导航

本任务实施过程分成以下 5 步。

1. 搭建硬件环境

硬件连接图如图 9-1-5 所示。

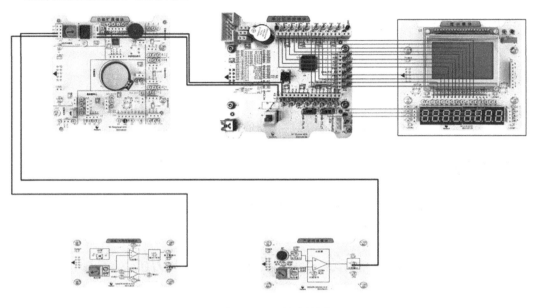

图 9-1-5　硬件连接图

（1）单片机开发模块与功能扩展模块的连接。

单片机 P1.0 接功能扩展模块 J13 的 SDA。

单片机 P1.1 接功能扩展模块 J13 的 SCL。

（2）功能扩展模块的 J13 短接，用于驱动 LED3。

（3）温度/光照传感模块的 J6 与功能扩展模块 JP1_AD1 的左侧接口连接。

2. 建立工程

建立工程，在代码区内编写程序。

3. 编写程序

编写程序完成传感器数据的获取及分析。代码详见本书配套资源。

4. 程序编译、下载

进行程序编译，编译无误后，通过 ISP 进行下载。

5. 查看结果

在 LCD 上查看结果，如图 9-1-6 所示。

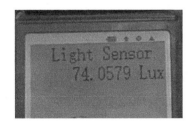

图 9-1-6　查看结果

任务检查与评价

详见本书配套资源。

任务小结

通过对 A/D、D/A 转换理论知识的学习，熟练掌握单片机获取 A/D、D/A 转换数据的方法，并编写单片机程序，实现对 A/D 和 D/A 转换数据的采集。

任务拓展

利用所学知识，自行编写单片机程序，实现锯齿波产生器的功能。

9.2 任务 2 实现智能廊灯功能

职业能力目标

● 能根据任务要求，认真查阅相关资料，掌握光照传感器、声音传感器、A/D 和 D/A 转换的原理。
● 能根据功能需求，熟练编写单片机程序，实现智能廊灯功能。

任务描述与要求

任务描述：XX 电梯公司根据市场需求调研结果，决定申报技改项目，对已生产的廊灯进行升级，要求根据光线的强弱改变廊灯的亮度，同时根据声音的大小改变廊灯的亮灭。该项目分两期开发，研发部根据开发计划，现在要进行第二期开发，第二期开发计划要求实现智能廊灯功能。

任务要求：
● 掌握 D/A 转换的工作原理。
● 智能廊灯具有以下功能：白天，不管有没有人经过（有没有声音），廊灯都不亮；夜晚，廊灯亮度随光照度变化，当有人经过时，廊灯最亮，延时一定时间后熄灭。

任务分析与计划

根据所学相关知识，完成本任务的实施计划。

项目名称	智能廊灯
任务名称	实现智能廊灯功能
计划方式	分组完成、团队合作、分析调研
计划要求	1. 能够按照连接图施工，完成各模块之间的连接 2. 能搭建开发环境 3. 能创建工作区和项目，完成代码编写 4. 能完成智能廊灯的代码调试和测试 5. 能分析项目的执行结果，归纳所学的知识与技能
序　号	主要步骤
1	
2	
3	
4	
5	

知识储备

1. 单片机应用系统的开发流程

1）明确任务

分析项目的总体要求和设计内容，综合考虑客户需求、系统使用环境、可靠性、可维护性及产品的成本等因素，确定可行的性能指标、时间计划表、人员配备方案等。

2）划分软、硬件功能

单片机系统由软件和硬件两部分组成。在应用系统中，有些功能既可用硬件实现，也可用软件实现。使用硬件可以提高系统的实时性和可靠性；使用软件可以降低系统成本，简化硬件结构。因此需要综合分析各种因素，在前期完成硬件框架设计、软件框架设计、接口设计、产品外观设计等内容。

3）完成前期文档设计

主要包括以下内容：

系统功能及功能指标；

系统总体结构图及功能划分；

系统逻辑框图；

各功能块的逻辑框图；

关键技术讨论；

关键器件；

安全性、可靠性、电磁兼容性分析。

4）选择硬件设备

根据硬件设计任务，选择能够满足系统需求且性价比高的控制器及其他关键器件，如ADC、DAC、传感器、放大器等，这些器件需要满足系统精度、速度及可靠性等方面的要求，同时需要考虑成本。

5）硬件设计

根据总体设计要求，以及选定的单片机及关键器件，利用仿真软件设计出系统的电路原理图。之后要考虑单片机的资源分配和将来的软件框架，确定各种通信协议，尽量避免出现电路板成品无法满足项目要求的情况，还要考虑各元件的参数、各芯片间的时序配合。

完成电路原理图设计后，根据技术方案的需要设计 PCB 图。这一步需要考虑机械结构、装配过程、外壳尺寸、所有要用到的元器件的精确尺寸、不同制板厂的加工精度、散热、电磁兼容性等。

最后，将 PCB 图和加工要求发给制板厂进行制板。

6）软件设计

在系统整体设计和硬件设计的基础上，确定软件系统的程序结构并划分功能模块，画出软件设计流程图（图9-2-1），并进行各模块程序设计，完成程序编写。

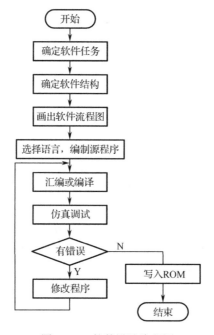

图 9-2-1　软件设计流程图

7）仿真调试

软件和硬件设计结束后，需要进行两者的整合调试。为避免浪费资源，在生产实际电路板之前，可以利用 Keil 软件和 Proteus 软件进行系统仿真，出现问题可以及时修改。

8）系统调试

完成系统仿真后，利用 Protel 等绘图软件，根据电路原理图绘制 PCB 图，然后将 PCB 图交给相关厂商生产电路板。拿到电路板后，为便于更换器件和修改电路，可先在电路板上焊接所需芯片插座，并利用编程器将程序写入单片机。

9）测试修改、用户试用

经测试符合要求后，将系统交给用户试用，针对出现的实际问题进行修改、完善，完成系统开发。

2. 智能廊灯系统框图

从图 9-2-2 中可以看出，智能廊灯系统以单片机为控制核心，结合温度/光照传感模块和声音传感模块，通过 A/D、D/A 转换（PCF8591）输出电压以控制廊灯的亮度。PCF8591 采集光照传感信号进行 A/D 和 D/A 转换，转换后的信号通过 I²C 总线传至单片机。单片机控制 PCF8591 的输出电压，实现对廊灯亮度的控制。

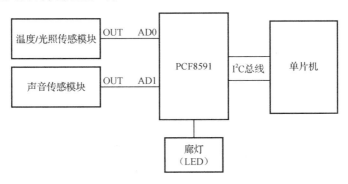

图 9-2-2　智能廊灯系统框图

3. 主函数流程图

如图 9-2-3 所示，系统初始化串口、定时器后，通过 I²C 总线获取光照传感数据和声音传感数据，根据光照传感数据可以判断是黑夜还是白天，根据声音传感数据可以判断是否有人经过廊灯。如果系统判断为黑夜则廊灯亮，亮度与光照度有关。在黑夜状态下，如果刚好有人经过，则廊灯亮度达到最大值，等待一定时间后，廊灯恢复到原来的状态。如果系统判断为白天，不管有没有人经过，廊灯都熄灭。

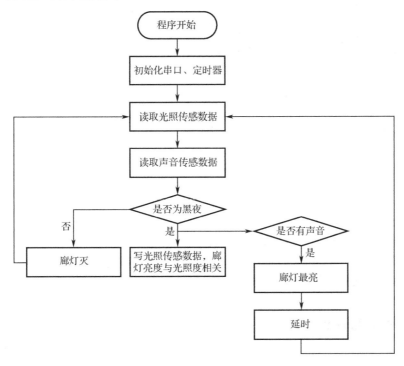

图 9-2-3　主函数流程图

测一测

单片机应用系统的开发流程是明确任务，划分软、硬件功能，完成前期文档设计，

_____，_____，_____，_____，_____，测试修改、用户试用。

想一想

如何确定软件和硬件的功能？

任务实施

📝 设备与资源准备

任务实施前必须先准备好以下设备和资源。

序 号	设备/资源名称	数 量	是否准备到位
1	计算机	1	
2	NEWLab 实训平台	1	
3	单片机开发模块	1	
4	声音传感模块	1	
5	功能扩展模块	1	

📝 任务实施导航

本任务实施过程分成以下 5 步。

1. 搭建硬件环境

（1）单片机开发模块与功能扩展模块的连接。

单片机 P1.0 接功能扩展模块 J13 的 SDA。

单片机 P1.1 接功能扩展模块 J13 的 SCL。

（2）功能扩展模块的 J13 短接。

（3）温度/光照传感模块的 J6 与功能扩展模块 JP1_AD1 的左侧接口连接。

2. 建立工程

建立工程，在代码区内编写程序。

3. 编写程序

程序详见本书配套资源。

4. 程序编译、下载

进行程序编译，编译无误后，通过 ISP 进行下载。

5. 查看结果

观察 LED 的状态，应满足设计要求。

任务检查与评价

详见本书配套资源。

任务小结

本任务实现了智能廊灯的功能。

任务拓展

利用所学知识，自行编写单片机程序，产生正弦波、方波、三角波三种周期性波形。

项目 十 智能家居环境监测系统

引导案例

随着社会的进步、科技的发展，人们对居住环境提出了更高的要求。在这一背景下，智能家居（Smart Home）应运而生。智能家居系统如图 10-0-1 所示，它以住宅为平台，利用先进的物联网技术、网络通信技术、智能控制技术、传感器技术等，将与人们生活相关的各子系统（如环境监测、家电控制、楼宇对讲等）结合在一起，实现设备自动化控制、信息自动化管理、安全保护等功能。

图 10-0-1　智能家居系统

目前，智能家居环境监测系统主要包括环境信息采集、环境信息分析、控制和执行机构三部分。

本项目使用 NEWLab 实训平台模拟智能家居环境监测系统。硬件接线图如图 10-0-2 所示。

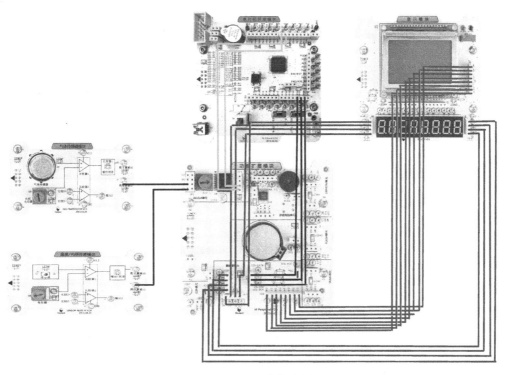

图 10-0-2　硬件接线图

10.1　任务 1 温度、气体传感器数据采集

 职业能力目标

● 能根据任务要求，认真查阅相关资料，掌握温度、气体传感器的工作原理。

● 能根据功能需求，编写单片机程序，完成对温度、气体传感器的数据采集，并通过数码管显示数据。

 任务描述与要求

　　任务描述：XX 公司根据市场需求调研结果，决定为客户定制一套智能家居环境监测系统，要求实现对家庭内部环境（温度、湿度、气体）的检测，对检测数据进行处理并通过数码管显示。该系统分三期开发，研发部根据开发计划，现在要进行第一期开发，第一期开发计划要求通过单片机和 A/D 转换芯片对温度、气体传感器的数据进行采集，并通过数码管显示。

　　任务要求：

● 掌握温度、气体传感器的工作原理。

● 编写单片机程序，完成对温度、气体传感器的数据采集。

单片机技术 **及** 应用

 **任务分析与计划**

根据所学相关知识，完成本任务的实施计划。

项目名称	智能家居环境监测系统
任务名称	温度、气体传感器数据采集
计划方式	分组完成、团队合作、分析调研
计划要求	1. 能够按照连接图施工，完成各模块之间的连接 2. 能搭建开发环境 3. 能创建工作区和项目，完成代码编写 4. 能完成温度、气体传感器数据采集的代码调试和测试 5. 能分析项目的执行结果，归纳所学的知识与技能
序　号	主　要　步　骤
1	
2	
3	
4	
5	

知识储备

1. 热电传感技术简介

热电传感技术是利用转换元件电参量随温度变化的特性，对温度进行检测的技术。将温度变化转换为电阻值变化的传感器称为热电阻传感器，其中金属热电阻传感器简称热电阻，半导体热电阻传感器简称热敏电阻；将温度变化转换为热电势变化的传感器称为热电偶传感器。本项目使用热敏电阻。

热敏电阻如图 10-1-1 所示，其特点如下。

（1）温度系数大，适合测量微小的温度变化。

（2）体积小、热容量小、响应速度快，能在空隙和狭缝中测量。

（3）阻值高，测量结果受引线的影响小，可用于远距离测量。

（4）过载能力强，成本低。

图 10-1-1　热敏电阻

2. MF52 型热敏电阻

MF52 型热敏电阻是采用新材料、新工艺生产的小体积的树脂包封型 NTC 热敏电阻，具有精度高和响应速度快等优点。NTC 热敏电阻的阻值随着温度的升高而减小（图 10-1-2）。

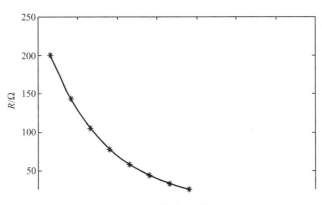

图 10-1-2　NTC 热敏电阻温度曲线

3．温度传感器

本任务中，温度传感器的作用是将温度的变化转换为阻值的变化，最终通过电路转换为电压的变化。

如图 10-1-3 所示为温度传感器电路图。它利用对数二极管 VD 把热敏电阻 RT 的阻值变化（电流变化）转换为等间隔的信号，将该信号放大后输出到电压表，就可显示相应的温度。

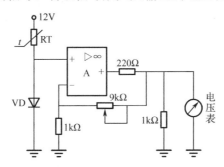

图 10-1-3　温度传感器电路图

4．气体传感器

气体传感器是一种能对气体中的特定成分进行检测的器件，可用于可燃性气体泄漏报警、有害气体检测、环境监测、工业过程控制等。

气体传感器按照结构特性可分为半导体型气体传感器、电化学型气体传感器、红外吸收式气体传感器等。半导体型气体传感器的气敏材料为金属氧化物或金属半导体氧化物。

半导体型气体传感器的工作原理：传感器与气体相互作用时产生表面反应，引起电导率、伏安特性或表面电位变化，借此检测特定气体的浓度，并将其转换成电信号输出。

MQ-2 型气体传感器属于半导体型气体传感器，采用电导率较低的二氧化锡（SnO_2）作为气敏材料。当所处环境中存在可燃性气体时，可燃性气体浓度的变化会引起传感器表面电导率的变化，利用这一特性可检测可燃性气体的浓度。可燃性气体的浓度越大，电导率越大，输出电阻值越低，输出的模拟信号就越大。

5．温度/光照传感模块

温度/光照传感模块电路板结构图如图 10-1-4 所示。

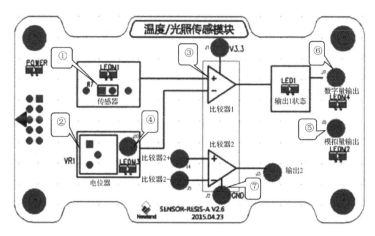

图 10-1-4　温度/光照传感模块电路板结构图

① 为温度/光照传感器，本任务中使用 MF52AT。

② 为基准电压调节电位器。

③ 为比较器电路。

④ 为基准电压测试接口 J10，用于测量温度感应的阈值电压，即比较器 1 负端（3 脚）电压。

⑤ 为模拟量输出接口 J6，用于测量温度传感器两端的电压，即比较器 1 正端（2 脚）电压。

⑥ 为数字量输出接口 J7，用于测量比较器 1 输出电压。

⑦ 为接地接口 J2。

调节 VR1，使比较器 1 反向输入端的输入电压改变，可设置温度感应灵敏度，即阈值电压。当温度较低时，温度传感器的阻值较高，两端的输出电压高于阈值电压，比较器 1 输出高电平；温度上升，温度传感器的阻值下降，两端的电压低于阈值电压时，比较器 1 输出低电平。

6. 系统组成

如图 10-1-5 所示为系统组成框图。单片机为核心控制器，PCF8591 负责 A/D 及 D/A 转换。温度传感器和气体传感器通过不同的通道把模拟信号输入 PCF8591，通过单片机程序控制将结果显示在数码管上。

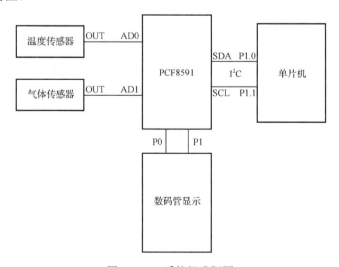

图 10-1-5　系统组成框图

7. 主要程序

1）获取温度传感器数据的程序

```
1.   #define B 3950.0              //温度系数
2.   #define TN 298.15             //额定温度
3.   #define RN 10                 //额定阻值
4.   #define BaseVol 5.04          //ADC 基准电压
5.   float Get_Tempture(unsigned int adc)
6.   {    //温度数值转换
7.       float RV,RT,Tmp;
8.       RV=BaseVol/255.0*(float)adc;
9.       RT=RV*10/(BaseVol-RV);
10.      Tmp=1/(1/TN+(log(RT/RN)/B))-273.15;
11.      return Tmp;
12.  }
```

2）获取气体传感器数据的程序

```
1.   float MQ2_GetPPM(void)
2.   {
3.       Vrl = 5.0 * air[1] / 256.0;
4.       Vrl = ( (float)( (int)( (Vrl+0.005)*100 ) ) )/100;
5.       RS = (5.0 - Vrl) / Vrl * RL;
6.       if(times_mq < 120)     //获取系统执行时间，300ms 前进行校准
7.       {
8.           R0 = RS / pow(CAL_PPM / 613.9, 1 / -2.074);  //校准
9.       }
10.      ppm = 613.9 * pow(RS/R0, -2.074);
11.      return  ppm;
12.  }
```

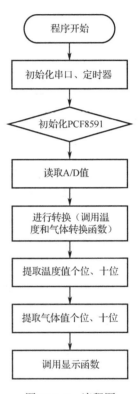

图 10-1-6 流程图

8. 流程图

从图 10-1-6 中可以看出，程序开始后，首先初始化串口和定时器，然后初始化 PCF8591，待其工作正常后读取 A/D 值并存入数组。接着调用温度转换函数和气体转换函数，获取温度、气体的模拟值，进行处理后显示。

测一测

（1）热电传感技术是利用转换元件电参量随_____变化的特性，对温度进行检测的技术。

（2）热敏电阻是_____随温度变化的半导体热电阻传感器。

（3）温度传感器的作用是将_____变化转换为阻值的变化，最终通过电路转换为电压的变化。

（4）气体传感器是一种能对_____特定成分进行检测的器件。

想一想

简述热敏电阻的特点。

任务实施

　设备与资源准备

任务实施前必须先准备好以下设备和资源。

序　号	设备/资源名称	数　量	是否准备到位
1	计算机	1	
2	NEWLab 实训平台	1	
3	单片机开发模块	1	
4	温度/光照传感模块	1	
5	显示模块	1	
6	功能扩展模块	1	
7	气体传感器模块	1	

　任务实施导航

本任务实施过程分成以下 5 步。

1. 搭建硬件环境

1）单片机开发模块与显示模块的连接

D1 接 A，D2 接 B，D3 接 C，D4 接 D，D5 接 E，D6 接 F，D7 接 G，D8 接 H。

2）LS595 与单片机开发模块的连接

LS595 的 J11 短接。

LS595 的 J21 的 SI 接单片机的 P3.5。

LS595 的 SCK 接单片机的 P3.6。

LS595 的 RCK 接单片机的 P3.7。

3）各传感模块与功能扩展模块的连接

气体传感器模块的模拟输出端接功能扩展模块 AD2 左侧接口。

温度/光照传感模块的模拟输出端接功能扩展模块 AD1 左侧接口。

2. 建立工程

建立工程，在代码区内编写程序。

3. 编写程序

代码见本书配套资源。

4. 程序编译、下载

进行程序编译，编译无误后，通过 ISP 进行下载。

5. 查看结果

查看结果，如图 10-1-7 所示。

图 10-1-7　查看结果

 任务检查与评价

详见本书配套资源。

 任务小结

通过对温度、气体传感器理论知识的学习，编程实现单片机获取、处理温度、气体传感器采集的数据，并在数码管上显示数据处理结果。

 任务拓展

参考本任务相关理论知识，自行编写代码，通过 LCD 显示本任务的数据。

10.2　任务 2 湿度传感器数据采集

 职业能力目标

- 能根据任务要求，认真查阅相关资料，掌握湿度传感器的工作原理。
- 能根据功能需求，编写单片机程序，完成对湿度传感器的数据采集，并通过串口显示数据。

任务描述与要求

> **任务描述：** XX 公司根据市场需求调研结果，决定为客户定制一套智能家居环境监测系统，要求实现对家庭内部环境（温度、湿度、气体）的检测，对检测结果进行处理并通过数码管显示。该系统分三期开发，研发部根据开发计划，现在要进行第二期开发，第二期开发计划要求通过单片机和 A/D 转换芯片对湿度传感器的数据进行采集，并通过串口显示。
>
> **任务要求：**
> - 掌握湿度传感器工作原理。
> - 编写单片机程序，完成对湿度传感器的数据采集。

根据所学相关知识，完成本任务的实施计划。

项目名称	智能家居环境监测系统	
任务名称	湿度传感器数据采集	
计划方式	分组完成、团队合作、分析调研	
计划要求	1. 能够按照连接图施工，完成各模块之间的连接 2. 能搭建开发环境 3. 能创建工作区和项目，完成代码编写 4. 能完成湿度传感器数据采集的代码调试和测试 5. 能分析项目的执行结果，归纳所学的知识与技能	
序　号	主 要 步 骤	
1		
2		
3		
4		
5		

知识储备

1. 湿度传感器简介

湿度传感器能够感受外界湿度变化，通过感应材料的物理或化学性质的变化，将湿度转换成有用的信号。

用湿度传感器检测湿度时，湿敏元件必须直接暴露于待测环境中，容易被腐蚀，而且被测水蒸气在空气中的含量较低，不易被测出，因此对湿敏元件的要求较高，湿敏元件必须具备稳定性好、响应时间短、寿命长、有互换性、耐污染和受温度影响小等特点。

2. 湿度传感器的分类

湿度传感器按湿敏元件的不同主要分为两大类：水分子亲和力型湿度传感器、非水分子亲和力型湿度传感器。

利用水分子易于附着并渗入固体表面的特性制成的湿敏元件称为水分子亲和力型湿敏元件。

3. HS1101

HS1101（图 10-2-1）是湿度传感器中的一种，在电路中相当于一个电容，它的电容量随所测空气湿度的增大而增大，电容量的变化与加在电容两端的电压成反比。

图 10-2-1　HS1101

4．湿度测量电路

湿度测量电路如图 10-2-2 所示。该电路由 555 定时器、HS1101、电阻构成多谐振荡电路。当环境湿度发生变化时，HS1101 的电容量随之改变，使振荡频率也发生变化，最终将湿度转换成频率信号。

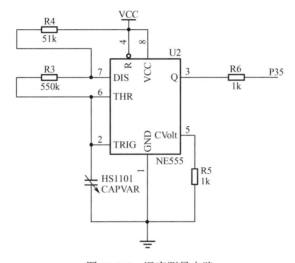

图 10-2-2　湿度测量电路

5．湿度传感模块

如图 10-2-3 所示为湿度传感模块电路板结构图。

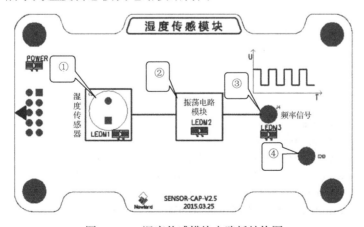

图 10-2-3　湿度传感模块电路板结构图

① 为湿度传感器（HS1101）。

② 为振荡电路模块。

③ 为频率信号接口，即输出信号接口 J4。

④ 为接地接口 J2。

湿度传感模块电路如图 10-2-4 所示。555 定时器的外接电阻 R1、R2 构成对 C3 的充电回路。555 定时器的 7 脚通过芯片内部的晶体管对地构成 C3 的放电回路，并将 2、6 脚相连引入片内比较器，构成一个典型的多谐振荡器，即方波发生器。另外，R4、R5 为保护电阻，可防止输出短路；R3 用于平衡温度系数。

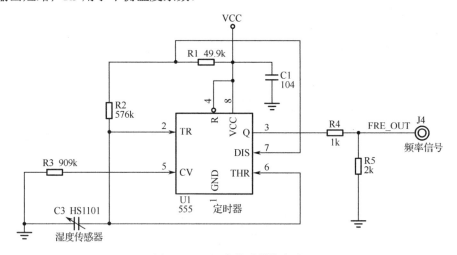

图 10-2-4　湿度传感模块电路

湿度传感器的电容量影响输出信号的频率，当湿度增大时，湿度传感器的电容量也增大，输出信号的频率降低。

6. 获取湿度传感器数据

单片机计算一秒内外部中断产生下降沿的个数，从而得知一秒内有多少个方波，便可算出 555 定时器的方波频率。

函数 unsigned int ucGetHumidity(unsigned int uipulse)的作用是完成频率与湿度之间的转换，具体代码如下。

```
1.   unsigned int ucGetHumidity(unsigned int uipulse)
2.   {
3.       if((uipulse<=6852)&&(uipulse>=5623))        //湿度有效
4.       {
5.           if((uipulse<=6852)&&(uipulse>6734))     //0%~10%
6.           {   return (uipulse-6734)/11;}
7.           else if((uipulse<=6734)&&(uipulse>6618))  //10%~20%
8.           {   return ((uipulse-6618)/11)+10;}
9.           else if((uipulse<=6618)&&(uipulse>6503))  //20%~30%
10.          {   return ((uipulse-6503)/11)+20;}
11.          else if((uipulse<=6503)&&(uipulse>6388))  //30%~40%
12.          {   return ((uipulse-6388)/11)+30;}
```

```
13.        else if((uipulse<=6388)&&(uipulse>6271))    //40%~50%
14.        {   return  ((uipulse-6271)/11)+40;}
15.        else if((uipulse<=6271)&&(uipulse>6152))    //50%~60%
16.        {   return  ((uipulse-6152)/11)+50;}
17.        else if((uipulse<=6152)&&(uipulse>6029))    //60%~70%
18.        {   return  ((uipulse-6029)/11)+60;}
19.        else if((uipulse<=6029)&&(uipulse>5901))    //70%~80%
20.        {   return  ((uipulse-5901)/11)+70;}
21.        else if((uipulse<=5901)&&(uipulse>5736))    //80%~90%
22.        {   return  ((uipulse-5736)/11)+80;}
23.        else if((uipulse<=5736)&&(uipulse>=5623))   //90%~100%
24.        {   return  ((uipulse-5623)/11)+90;}
25.    }
26.    else
27.        return 200;
28.        return 0;
29.    }
```

7．程序讲解

1）void timer_init()

这是定时器初始化函数，定时器定时时长为 10ms。

```
1.    void timer_init()
2.    {
3.        TMOD=0x01;                      //设置定时器 0 为工作方式 1
4.        TH0=(65536-20000)/256;          //定时 10ms 对应的初值为 20000
5.        TL0=(65536-20000)%256;
6.        EA=1;                           //开总中断
7.        ET0=1;                          //开定时器 0 中断
8.        TR0=1;                          //启动定时器 0
9.    }
```

2）void timer() interrupt 1

这是定时器中断函数，每隔 10ms 调用一次，每隔 2s 计算一次湿度传感器内脉冲的个数，即频率值。

```
1.    void timer() interrupt 1
2.    {
3.        TH0=(65536-20000)/256;          //重装初值
4.        TL0=(65536-20000)%256;
5.        num10ms++;
6.        if(num10ms==100)                //如果 num10ms 为 100，就说明 1s 时间到了
7.        {
8.            num10ms=0;
9.            seconds++;                   //秒数加 1
10.           seconds %= 6;
11.           if(seconds == 3)
12.           {
```

```
13.                int0_enable();
14.          }
15.          else if(seconds == 5)
16.          {
17.                int0_disable();
18.                gc_pulse_num = pulse_num/2; //湿度传感器的脉冲数
19.                uchumity_outputflag = 1;
20.          }
21.          LED = !LED;
22.      }
23.  }
```

8．主程序流程图

从图 10-2-5 中可看出，程序开始后首先初始化 LCD、串口、定时器，然后开启定时器中断、总中断，判断是否收到 555 定时器的输出信号（外部脉冲），如果收到，则调用湿度数据处理函数获取湿度数据，接着判断数据是否在量程范围内，如果在量程范围内则从串口输出湿度数据，如果不在量程范围内则显示超出量程。

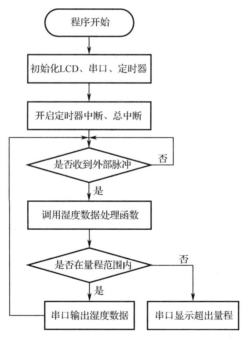

图 10-2-5　主程序流程图

测一测

（1）湿度传感器能够感受外界湿度变化，并通过感应材料的_____性质的变化，将湿度转换成有用的信号。

（2）湿度传感器按湿敏元件的不同主要分为两大类：_____型湿度传感器和_____型湿度传感器。

（3）HS1101 是湿度传感器中的一种，其电容量的变化与加在电容两端的_____成反比。

简述湿敏元件应满足的要求。

任务实施

设备与资源准备

任务实施前必须先准备好以下设备和资源。

序 号	设备/资源名称	数 量	是否准备到位
1	计算机	1	
2	NEWLab 实训平台	1	
3	单片机开发模块	1	
4	湿度传感模块	1	

任务实施导航

本任务实施过程分成以下 5 步。

1. 搭建硬件环境

如图 10-2-6 所示，湿度传感模块的频率信号接口接单片机的 P2.2。

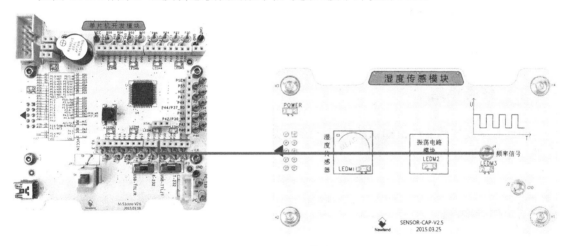

图 10-2-6　硬件接线图

2. 建立工程

建立工程，在代码区内编写程序。

3. 编写程序

具体代码见本书配套资源。

4. 程序编译、下载

进行程序编译，编译无误后，通过 ISP 进行下载。

5．查看结果

通过串口助手查看结果，如图 10-2-7 所示。

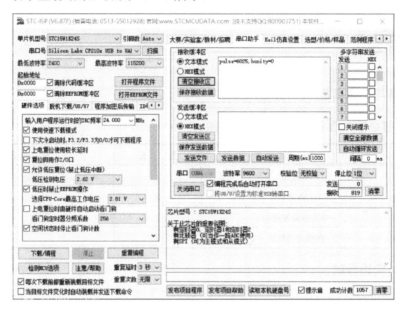

图 10-2-7　查看结果

 **任务检查与评价**

详见本书配套资源。

任务小结

通过对湿度传感器理论知识的学习，编程实现单片机获取湿度传感器采集的数据，对数据进行处理后通过串口显示。

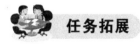 **任务拓展**

参考本任务相关理论知识，自行编写代码，将湿度数据显示在数码管上。

10.3　任务 3 完成智能家居环境监测系统

职业能力目标

● 能根据任务要求，认真查阅相关资料，掌握温度、气体、湿度传感器的工作原理。

● 能根据功能需求，熟练编写单片机程序，完成对温度、气体、湿度传感器的数据采集，并通过数码管显示数据。

 任务描述与要求

任务描述： XX 公司根据市场需求调研结果，决定为客户定制一套智能家居环境监测系统，要求实现对家庭内部环境（温度、湿度、气体）的检测，对检测结果进行处理并通过数码管显示。该系统分三期开发，研发部根据开发计划，现在要进行第三期开发，第三期开发计划要求通过单片机和 A/D 转换芯片对温度、气体、湿度传感器的数据进行采集，并通过数码管显示。

任务要求：
● 掌握温度、湿度、气体传感器的工作原理。
● 编写单片机程序，完成对温度、湿度、气体传感器的数据采集。

 任务分析与计划

根据所学相关知识，完成本任务的实施计划。

项目名称	智能家居环境监测系统		
任务名称	完成智能家居环境监测系统		
计划方式	分组完成、团队合作、分析调研		
计划要求	1. 能够按照连接图施工，完成各模块之间的连接 2. 能搭建开发环境 3. 能创建工作区和项目，完成代码编写 4. 能完成智能家居环境监测系统的代码调试和测试 5. 能分析项目的执行结果，归纳所学的知识与技能		
序　号	主 要 步 骤		
1			
2			
3			
4			
5			

 **知识储备**

1. 智能家居简介

智能家居通过物联网技术将家中的各种设备（如照明系统、火灾检测系统、空调系统、安防系统、报警系统等）连接在一起，提供家电控制、照明控制、温湿度调节、室内外遥控、防盗报警及环境监测等多种功能。

与普通家居相比，智能家居可提供高效、舒适、安全、便利、环保的居住环境，以及全方位的信息交互功能，能优化人们的生活方式，帮助人们有效安排时间，增强家居生活的安全性。

2．智能家居环境监测系统的结构

如图 10-3-1 所示，根据功能可以把整个系统分为三个层次：感知层、网络层及应用层。感知层主要负责实时采集室内环境信息，需要采集的环境信息有温度、湿度、光照度等。网络层主要采用网络技术（如 ZigBee 技术）实现感知层和应用层之间的通信，具有维护方便、成本低及布线简单等优点。应用层是整个系统的管理中心，主要负责数据处理、数据监测、数据存储。

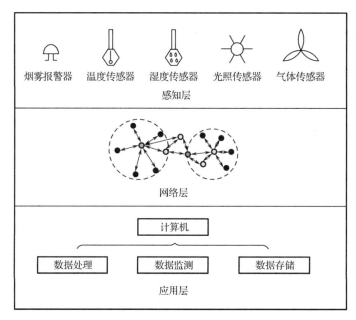

图 10-3-1　智能家居环境监测系统的结构

3．系统组成框图

在图 10-3-2 所示的系统组成框图中，单片机为核心控制器，PCF8591 负责 A/D 及 D/A 转换。温度传感器和气体传感器通过不同的通道把模拟信号输入 PCF8591，通过单片机程序控制将结果显示在数码管上。

4．流程图

如图 10-3-3 所示，主函数在初始化后判断标志位，标志位由定时器提供，每隔三秒标志位加 1，即在数码管上每隔三秒更新一次显示内容。通过标志位的选择获取不同传感器的数据。获取数据后调用气体传感器、湿度传感器、温度传感器处理函数进行处理，然后通过数码管进行显示。

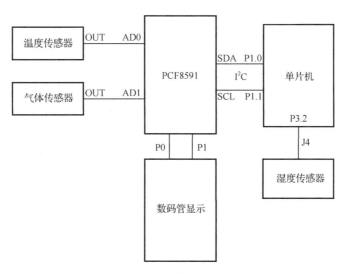

图 10-3-2 系统组成框图

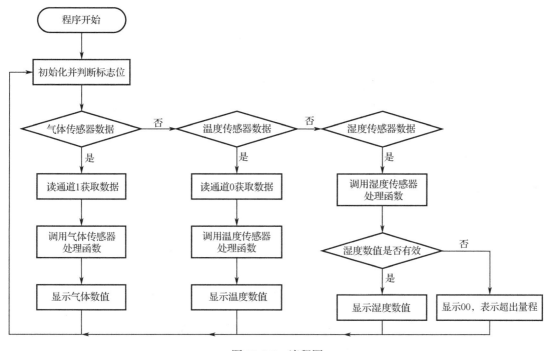

图 10-3-3 流程图

5．程序讲解

主函数中 PCF8591_ReadCh(buf, 0)函数的作用是读取 A/D 通道 0（温度传感器）数据，tem[0]=(unsigned int) Get_Tempture(buf[0])的作用是将温度数据转换为整型后存储在数组 tem[0]中。tem[3]=(tem[0]/10)%10 和 tem[4]=tem[0]%10 把温度数据取十位和个位存在数组中。displayy(&tem[3],&tem[4])、displayyy(&air[3],&air[4])和 display(&wet[2],&wet[3])为显示函数。

```
1.    while(1)
2.        {
3.            switch(countt)
```

```
4.          {
5.              case 0:
6.              {
7.                  PCF8591_ReadCh(buf, 0);              //读通道 0 数据
8.                  tem[0]=(unsigned int) Get_Tempture(buf[0]);
9.                  tem[3]=(tem[0]/10)%10;              //十位
10.                 tem[4]=tem[0]%10;                   //个位
11.                 for(i=0;i<16;i++)
12.                 displayy(&tem[3],&tem[4]);          //显示
13.                 break;
14.             }
15.             case 1:
16.             {
17.                 PCF8591_ReadCh(buf+1, 1);           //读通道 1 数据
18.                 air[1]=(buf[1]/16)*16+buf[1]%16;    //转十进制
19.                 air[1]=buf[1];
20.                 air[2]= (unsigned int)MQ2_GetPPM();
21.                 air[2]=air[2]/10;                   //取百分比
22.                 air[3]=((air[2]/10)%10);            //十位
23.                 air[4]=air[2]%10;                   //个位
24.                 for(i=0;i<16;i++)
25.                 displayyy(&air[3],&air[4]);         //显示
26.                 break;
27.             }
28.             case 2:                                 //湿度
29.             {
30.                 uchumity_outputflag = 0;
31.                 wet[0]=ucGetHumidity(gc_pulse_num); //取湿度
32.                 if(wet[0]<200)                      //有效
33.                 {
34.                     wet[1]=(wet[0]/16)*16+wet[0]%16; //转十进制
35.                     wet[2]=(wet[1]/10)%10;           //取十位
36.                     wet[3]=wet[1]%10;                //取个位
37.                     display(&wet[2],&wet[3]);        //显示
38.                 }
39.                 else display(0,0);                  //显示 00，表示超出量程
40.                 break;
41.             }
42.             default:countt=0;break;
43.         }
44. }
```

任务实施

设备与资源准备

任务实施前必须先准备好以下设备和资源。

序 号	设备/资源名称	数 量	是否准备到位
1	计算机	1	
2	NEWLab 实训平台	1	
3	单片机开发模块	1	
4	温度/光照传感模块	1	
5	显示模块	1	
6	功能扩展模块	1	
7	气体传感器模块	1	
8	湿度传感模块	1	

任务实施导航

本任务实施过程分成以下 5 步。

1. 搭建硬件环境

按照图 10-3-4 连接硬件。

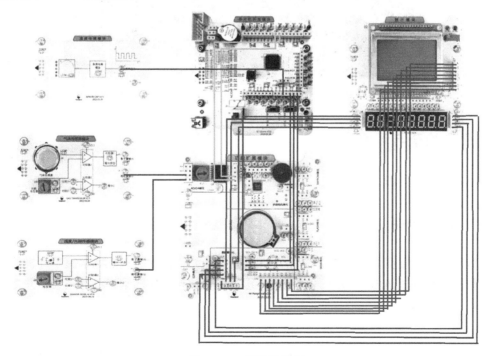

图 10-3-4 硬件连接图

1）单片机开发模块与显示模块的连接

D1 接 A，D2 接 B，D3 接 C，D4 接 D，D5 接 E，D6 接 F，D7 接 G，D8 接 H。

2）LS595 与单片机开发模块的连接

LS595 的 J11 短接。

LS595 的 J21 的 SI 接单片机的 P3.5。

LS595 的 SCK 接单片机的 P3.6。

LS595 的 RCK 接单片机的 P3.7。

3）各传感模块的连接

气体传感器模块的模拟输出端接功能扩展模块 AD2 左侧接口。

温度/光照传感模块的模拟输出端接功能扩展模块 AD1 左侧接口。

湿度传感模块的模拟输出端接单片机开发模块的 P3.2。

2．建立工程

建立工程，在代码区内编写程序。

3．编写程序

具体代码见本书配套资源。

4．程序编译、下载

进入程序编译，编译无误后，通过 ISP 进行下载。

5．查看结果

在数码管上查看结果，如图 10-3-5 所示。

图 10-3-5　查看结果

 **任务检查与评价**

详见本书配套资源。

 **任务小结**

通过对温度、湿度、气体传感器和 A/D 转换理论知识的学习，熟练掌握单片机的编程方法，能利用单片机和 A/D 转换芯片对温度、湿度、气体传感器的数据进行采集，并将结果显示在数码管上。

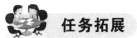

任务拓展

参考本任务相关理论知识，自行编写代码，实现智能消防车功能：

（1）通过气体、温度传感器获取烟雾报警信息，当烟雾浓度和温度高于设定值时，报警器发声并在数码管上显示相关内容。

（2）通过键盘上的按键清除报警信息。

参考文献

[1] NEWLab 实验实训教程——传感器技术及应用.

[2] 宏品科技. STC15 系列单片机器件手册. 2019.

[3] 杨华. 单片机技术应用（C 语言+仿真版）[M]. 北京：电子工业出版社，2017.

[4] 胡汉才. 单片机原理及其接口技术[M]. 3 版. 北京：清华大学出版社，2017.